"十四五"职业教育河南省规划教材
职业教育商用车维修专业"1+X"活页式创新教材

柴油发动机构造与检修

机械行业商用车产教联盟　组编

主　编　潘明存　石庆国
副主编　戴建营

机械工业出版社

本书共分为6个项目：认识柴油机、拆解与安装柴油机、检测柴油机零部件、柴油机检查与保养、柴油机综合故障诊断、尾气后处理故障诊断。

本书充分考虑柴油机"新技术、新排放"的要求，以高压共轨柴油机为例，配有电子课件、微课、实操视频、动画，使用微信扫描封底天工讲堂刮刮卡，免费兑换数字资源后即可观看。本书彩色印刷，图文并茂，可作为职业教育商用车维修"1+X"理实一体化教材，也可作为初/中级维修工（商用车方向）考证前的培训教材。

图书在版编目（CIP）数据

柴油发动机构造与检修 / 机械行业商用车产教联盟组编；潘明存，石庆国主编 . —北京：机械工业出版社，2023.12（2025.8 重印）
职业教育商用车维修专业"1+X"活页式创新教材
ISBN 978-7-111-74964-6

Ⅰ.①柴⋯ Ⅱ.①机⋯②潘⋯③石⋯ Ⅲ.①柴油机－构造－职业教育－教材②柴油机－检修－职业教育－教材 Ⅳ.① TK42

中国国家版本馆 CIP 数据核字（2024）第 037354 号

机械工业出版社（北京市百万庄大街22号 邮政编码100037）
策划编辑：谢 元　　　　　责任编辑：谢 元
责任校对：张勤思　牟丽英　 封面设计：张 静
责任印制：单爱军
中煤（北京）印务有限公司印刷
2025 年 8 月第 1 版第 3 次印刷
184mm×260mm・10 印张・272 千字
标准书号：ISBN 978-7-111-74964-6
定价：49.90 元

电话服务　　　　　　网络服务
客服电话：010-88361066　机 工 官 网：www.cmpbook.com
　　　　　010-88379833　机 工 官 博：weibo.com/cmp1952
　　　　　010-68326294　金 书 网：www.golden-book.com
封底无防伪标均为盗版　机工教育服务网：www.cmpedu.com

前言

世界技能大赛（World Skills Competition，WSC）由世界技能组织（World Skills International，WSI）举办，每两年一届，是迄今全球级别最高、规模最大的职业技能竞赛，全世界不超过22岁（个别职业25岁）的青年人才齐聚国际舞台，展示技能人才风采。

重型车辆维修项目首次在第44届世界技能大赛被列入比赛项目，截至目前，我国先后参加了第44届、第45届、第46届世界技能大赛中该赛项的角逐。在2022年奥地利萨尔茨堡举行的第46届世界技能大赛特别赛上，我国选手荣获重型车辆维修项目金牌，实现了中国队在该项目上金牌"零"的突破，标志着我国青年技能人才已达到世界级水准，我国的技能人才培养已迈进世界领先行列。该赛项车型范围广，涉及面宽，既包括公路运输车辆、工程机械、农业机械、林业机械等，也包括各种专业采掘设备和农机设备。比赛项目设有六个模块：柴油发动机模块、液压系统故障诊断与排除模块、整车电气故障诊断与排除模块、传动系统故障诊断与排除模块、转向和制动系统模块和PDI（新车交付检查）模块。

目前，我国约有4000万辆商用车，已有100多所职业院校开设重型车辆相关课程。众所周知，重型车辆是承载"城市未来"的主要生产工具，其整车、零部件制造业就业人数过百万；物流、维修、金融、租赁、售后等配套产业就业人数也在百万以上，已成为现代经济发展的重要力量。然而，该行业从业人员的知识、技能和素养普遍不能适应发展的需要，国内尚无健全、完善的重型车辆检测维修技术人员的人才培养体系，直接导致该行业高素质技能人才特别紧缺。2023年，人力资源和社会保障部增设"重型交通运输车辆运用与维修"专业，以期解决人才培养面临的问题。

这套教材包含柴油发动机、底盘、电气三个范畴，对标世界技能大赛"重型车辆维修项目"中的柴油发动机、底盘和电气模块，使用新型活页式、工作手册式教材，并配套开发信息化资源，按照"以学习成果为导向，促进学生自主学习"的思路进行开发，并设计了"任务分组""工作实施""评价反馈"等评价表格。每个学习任务都是从"情境描述"切入，其具体内容是由真实"工作案例"转化而来。本书内容的遴选，以"学会工作"为目的，以必需、够用为度，满足职业岗位的需要，告诉学生"是什么、做什么、怎么做、为什么这么做"。教师从知识传授角色转变为学习工程的组织者、咨询者和指导者。这套教材是机械行业商用车产教联盟的教学研究成果，可作为职业院校商用车维修专业学生的教材，也可以作为商用车销售、服务企业的职业培训用书。

本书由机械行业商用车产教联盟组编，主编是潘明存、石庆国，副主编是戴建营、刘庆华、周定武、朱学军参与编写。

编写分工：潘明存编写项目二，石庆国编写项目三，戴建营编写项目五，刘庆华编写项目一，周定武编写项目六，朱学军编写项目四。

期待这套教材能为我国商用车维修职业教育教学添砖加瓦，也希望大家多提宝贵意见，共同为我国商用车产业的崛起作出自己的贡献！

世界技能大赛（重型车辆维修项目）中国技术指导专家组组长

刘庆华

目 录

前言

项目一　柴油机概述 ·· 1
　　任务　认识柴油机 ·· 1

项目二　拆解与安装柴油机 ·· 10
　　任务 1　拆解柴油机 ··· 10
　　任务 2　安装柴油机 ··· 18

项目三　检测柴油机零部件 ·· 96
　　任务 1　气缸盖变形的检测 ··· 96
　　任务 2　缸套磨损、活塞磨损的检测和配缸间隙的计算 ····················· 98
　　任务 3　曲轴磨损的检测 ··· 108
　　任务 4　气门磨损的检测 ··· 114
　　任务 5　正时齿轮啮合间隙检测 ··· 117

项目四　柴油机检查与保养 ··· 120
　　任务 1　柴油机基本检查 ··· 120
　　任务 2　柴油机定期保养 ··· 122

项目五　柴油机综合故障诊断 ·· 127
　　任务 1　柴油机无法起动故障诊断 ·· 127
　　任务 2　柴油机冒黑烟故障诊断 ··· 128
　　任务 3　柴油机冒白烟故障诊断 ··· 130
　　任务 4　冷却液温度过高故障诊断 ·· 131
　　任务 5　机油压力低故障诊断 ·· 136

项目六　尾气后处理故障诊断 ·· 142
　　任务 1　EGR 系统故障排查 ·· 142
　　任务 2　尿素泵建压失败故障 ·· 145
　　任务 3　添蓝或空气流量低故障排查 ··· 150
　　任务 4　尾气排放超五超七故障排查 ··· 154

项目一 柴油机概述

任务　认识柴油机

【情境描述】

客户王先生来到某特约经销店想购买一辆重型货车，该车匹配的是潍柴 WP10 发动机，王先生特别在意发动机的使用性能，不断向导购人员咨询发动机的结构、参数、类型、性能。请你接待该客户，解答客户提出的问题。

【学习目标】

1. 能认识柴油机的总体组成。
2. 能描述四冲程柴油机工作过程和工作原理。
3. 能描述柴油机主要技术性能参数。

【任务分组】

班级		组号		指导教师	
组长		组员			
任务分工					

【获取信息】

引导问题 1：柴油机常用的基本术语有哪些？分别表示什么含义？

1.
2.
3.
4.
5.
6.
7.
8.
9.
10.
11.

引导问题 2：如图 1-1 所示，已知六缸发动机曲柄回转半径 R 为 5cm，气缸直径为 8cm，该发动机的排量是多大？

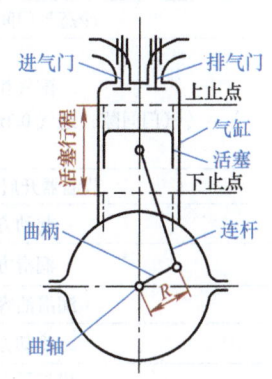

图 1-1　发动机结构示意图

引导问题 3：什么是发动机的工作顺序？常用四缸发动机的工作顺序有哪些？常用六缸发动机的工作顺序有哪些？

引导问题 4：试说明下列发动机型号的意义：

G12V190ZLD：

R175A：

YZ6102Q：

引导问题 5：发动机的主要性能指标是什么？各自有哪些评价参数？各自有什么作用？

引导问题 6：柴油机的前后左右方向如何确定？柴油机 1 缸的位置如何确定？柴油机工作时，曲轴的旋转方向如何确定？

【工作实施】

引导问题 7：图 1-2 所示为某柴油机的铭牌，根据所学内容，从柴油机铭牌上能获得哪些信息？

发动机型号：

排量：

满足的排放标准：

发动机额定功率：

发动机额定转速：

引导问题 8：表 1-1、表 1-2、表 1-3 为潍柴 WP10 系列柴油机主要技术性能参数，某重型货车匹配的是潍柴 WP10.300E40 发动机，一客户来看车，请你向客户介绍一下该款发动机的结构、参数、类型、性能等。

图 1-2　柴油机铭牌

表 1-1　潍柴 WP10 柴油机性能指标 1

型式	液体冷却，四冲程，带排气制动阀，直喷，增压中冷
缸径 / 行程 /mm	126/130
排量 /L	9.726
压缩比	17∶1
发火顺序	1-5-3-6-2-4
燃油系统	电控高压共轨
排气净化装置	尿素 SCR 系统
冷态气门间隙 /mm	进气门 0.3，排气门 0.4，EVB 系统 0.25
配气相位 （气门间隙：进气 0.3mm，排气 0.4mm）	进气门开，上止点前 18°～23° 进气门闭，下止点后 42°～50° 排气门开，下止点前 61°～66° 排气门闭，上止点后 20°～25°
节温器开启温度 /℃	83
起动方式	电起动
润滑方式	压力润滑
润滑油容量 /L	24
冷却方式	水冷强制循环
机油压力 /kPa	350～550

（续）

急速机油压力 /kPa		≥100	
允许纵倾度 /(°)	前面/后面	长期 10/10	短期 30/30
允许横倾度 /(°)	排气管边/喷油泵边	长期 45/5	短期 45/30
曲轴旋转方向（从自由端看）		顺时针	

表 1-2 潍柴 WP10 柴油机性能指标 2

	单位	WP10 发动机			
发动机型号	—	WP10.240E40	WP10.270E40	WP10.300E40	WP10.336E40
发动机型式	—	液体冷却，四冲程，带排气制动阀，直喷，增压中冷，SCR			
排量	L	9.726			
缸径 × 行程	mm × mm	126 × 130			
气缸数	—	6			
每缸气门数	—	2			
喷油装置	—	电控高压共轨			
额定功率	kW	175	199	221	247
额定转速	r/min	1900			
最大转矩	N·m	1150	1270	1390	1500
最大转矩转速	r/min	1200～1500			1300～1600
排放水平	—	国Ⅳ			
额定功率时燃料消耗率	g/(kW·h)	≤210			
全负荷最小燃料消耗率	g/(kW·h)	195			
冷起动-不带辅助起动装置	℃	-10			
白烟排放不透光度	—	20s 急速后，≤15%			
冷起动-带辅助起动装置	℃	-30			
1m 处噪声	dB(A)	<104			
B10 寿命	km	800000			

表 1-3 潍柴 WP10 柴油机性能指标 3

	单位	WP10 发动机					
发动机型号	—	WP10					
		240E41	270E41	290E41	310E41	336E41	375E41
发动机型式	—	液体冷却，四冲程，带排气制动阀，直喷，增压中冷，SCR					
排量	L	9.726					
缸径 × 行程	mm × mm	126 × 130					
气缸数	—	6					
每缸气门数	—	2					
喷油装置	—	电控高压共轨					
额定功率	kW	175	199	213	228	247	276
额定转速	r/min	2200					
最大转矩	N·m	1050	1150	1160	1180	1300	1460
最大转矩转速	r/min	1200～1600					

(续)

	单位	WP10 发动机
排放水平	—	国Ⅳ
额定功率时燃料消耗率	g/(kW·h)	≤ 210
全负荷最小燃料消耗率	g/(kW·h)	195
冷起动-不带辅助起动装置	℃	−10
白烟排放不透光度	—	20s 急速后，≤ 15%
冷起动-带辅助起动装置	℃	−30
1m 处噪声	dB(A)	<104
B10 寿命	km	800000

【评价反馈】

检查评估	维修资料、工具、设备的正确使用	A	B	C	D
	操作规范和任务完成情况	A	B	C	D
	任务工单填写	A	B	C	D
	纪律和回答现场提问	A	B	C	D
	团队合作	A	B	C	D
	安全和环保	A	B	C	D
成绩					
评语				教师签字： 日期：	

【相关知识】柴油机概述

发动机是车辆的动力源，它将燃料的化学能转化为机械能对外输出做功，根据所用燃料不同，发动机又分为柴油发动机和汽油发动机。柴油发动机（图1-3）因转矩大、经济性能好、在节能与减少 CO_2 排放方面的优势，从而在许多行业被普遍使用，如重型货车、大型客车、工程机械、船舶、发电机组等装载的多为活塞往复式柴油机。

图 1-3　柴油发动机

一、柴油机的基本术语

如图1-4所示，活塞置于气缸中，活塞通过连杆与曲轴相连，曲轴可绕其轴线旋转并带动活塞在气缸内作往复直线运动。

（1）上止点　指活塞顶上行到的最高位置。

（2）下止点　指活塞顶下行到的最低位置。

（3）活塞行程（S）　指上、下两止点之间的距离。

（4）曲柄半径（R）　曲柄销中心到曲轴旋转中心之间的距离称为曲柄半径，$S=2R$。

（5）气缸工作容积（V_h）　指活塞从上止点到下止点所扫过的容积，也称气缸排量。

（6）发动机工作容积（V）　发动机所有气缸工作容积之和，也称发动机排量。

（7）燃烧室容积（V_c） 活塞在上止点时，活塞上方的空间容积。

（8）气缸总容积（V_a） 活塞在下止点时，活塞上方的容积 $V_a=V_h+V_c$。

（9）压缩比（ε） 指气缸总容积与燃烧室容积的比值，$\varepsilon=\dfrac{V_a}{V_c}=\dfrac{V_h+V_c}{V_c}=1+\dfrac{V_h}{V_c}$。

压缩比表示活塞由下止点运动到上止点时，气缸内气体被压缩的程度。压缩比越大，压缩终了时气缸内的气体压力和温度就越高。一般柴油机的压缩比为15～22。

（10）工作循环 在气缸内进行的每一次将燃料的热能转化为机械能的一系列连续过程，称为发动机的工作循环。每一个工作循环包括进气、压缩、做功和排气四个过程。

（11）四冲程发动机 活塞往复运动四个行程完成一个工作循环的发动机，称为四冲程发动机。

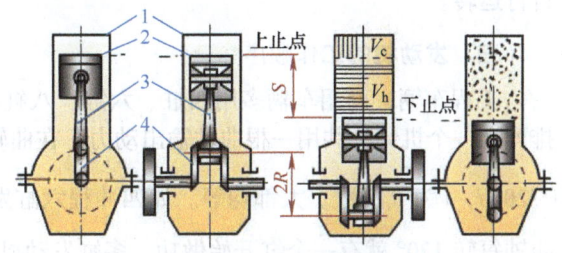

图1-4 发动机基本术语示意图
1—气缸 2—活塞 3—连杆 4—曲轴

二、四冲程柴油机的工作原理

四冲程柴油机是由进气、压缩、做功和排气四个行程完成的一个工作循环。

（1）进气行程

活塞由曲轴带动从上止点向下止点运动。进气门开启，排气门关闭，在真空吸力的作用下，被滤清的纯净空气经进气门被吸入气缸。活塞运动到下止点时，进气门关闭，停止进气，进气行程结束，如图1-5a所示。

进气行程结束时，由于进气阻力，气缸内压力低于大气压力，一般为0.08～0.09MPa。由于气缸壁、活塞等高温机件及残留高温废气的加热，气体温度为50～80℃。

（2）压缩行程

进气行程结束时，活塞在曲轴的带动下，从下止点向上止点运动，如图1-5b所示，进、排气门均关闭。随着活塞上移、活塞上腔容积不断减小，气缸内的空气被压缩，至活塞到达上止点时，压缩行程结束。

在压缩行程过程中，气体压力和温度同时升高。由于柴油机压缩比较大，压缩终了的温度和压力均较高，压力可达3～5MPa，温度可达530～730℃。

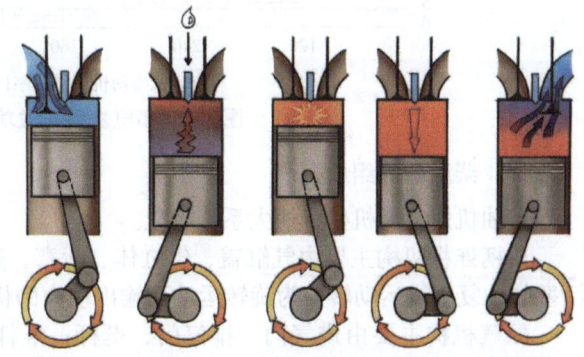

a)进气行程　b)压缩行程　c)做功行程　d)排气行程

图1-5 单缸四冲程柴油机工作循环示意图

（3）做功行程

压缩行程末，喷油泵将高压柴油经喷油器呈雾状喷入气缸内的高温空气中，柴油迅速汽化并与空气形成可燃混合气。因为此时气缸内的温度远远高于柴油的自燃温度（230℃左右），柴油自行着火燃烧，且在以后的一段时间内，喷油和燃烧同时进行（即一边喷油、一边混合、一边燃烧）。气缸内的温度、压力急剧升高，推动活塞下行做功，如图1-5c所示。

做功行程中，开始阶段气缸内气体压力和温度急剧上升，瞬时压力可达5～10MPa，瞬时温度可达1530～1930℃，随着活塞的下移，压力和温度下降。做功行程终了时，气缸压力为0.2～0.4MPa，温度为930～1230℃。

（4）排气行程

在做功行程终了时，排气门被打开，活塞在曲轴的带动下由下止点向上止点运动，如

图1-5d所示。废气在自身的剩余压力和活塞的驱赶作用下，自排气门排出气缸，至活塞运动到上止点时，排气门关闭，排气行程结束。

排气行程终了时，由于燃烧室容积的存在，气缸内还存在少量废气，气体压力也因排气门和排气道等有阻力而高于大气压力。此时，气缸压力为0.105～0.125MPa，温度为530～730℃。

排气行程结束后，进气门再次开启，又开启了下一个工作循环。如此周而复始，发动机自行运转。

三、发动机的工作顺序

工程车辆、商用车辆多用四缸、六缸、八缸等多缸发动机，它们是由若干个相同的单缸排列在一个机体上共用一根曲轴输出动力，在曲轴转角720°内，各缸顺序做功，做功间隔角（720°/i，i为气缸数）大都均等。如四冲程六缸发动机各缸做功间隔角为$\phi = \frac{720°}{6} = 120°$，即曲轴每转120°就有一个缸开始做功。多缸发动机各缸做功行程发生的顺序称为发动机的工作顺序。图1-6所示为四缸、六缸四冲程发动机的一种工作顺序（阴影线部分为做功行程）。可以看出，四缸发动机从理论上讲做功行程就已连续，而六缸发动机有做功重叠，缸数越多，重叠角就越大，发动机运转就越平稳。多缸发动机的工作顺序与曲轴的结构型式有关。

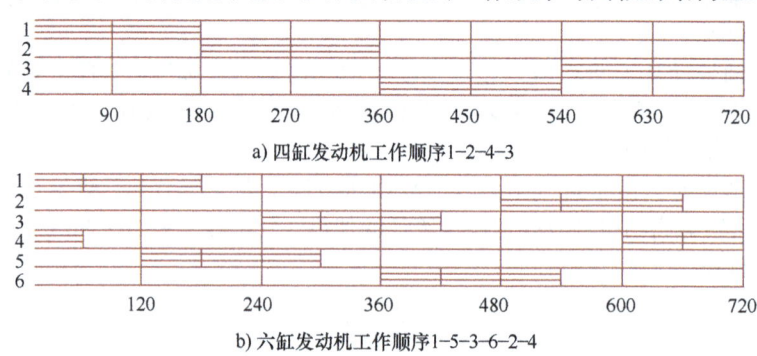

a) 四缸发动机工作顺序1-2-4-3

b) 六缸发动机工作顺序1-5-3-6-2-4

图1-6 多缸发动机做功重叠示意图

四、柴油机的组成

柴油机由两大机构、四大系统组成。

曲柄连杆机构主要由气缸盖、气缸体、活塞、连杆、曲轴、飞轮及油底壳等组成，是将活塞的往复直线运动转变为旋转运动而输出动力的机构。

配气机构主要由进气门、排气门、挺杆、推杆、摇臂、凸轮轴、凸轮轴正时齿轮等组成。其作用是适时打开和关闭进、排气门，以便新鲜空气能及时进入气缸、燃烧完的废气能及时排出气缸。

燃料供给系统主要由柴油箱、输油泵、柴油滤清器、高压油泵、ECU、传感器、执行器、喷油器、空气滤清器、进排气歧管、排气消声器等组成。其作用是将柴油和空气按一定的比例供入气缸，并将燃烧后的废气排出发动机。

冷却系统主要由水泵、散热器、水套、风扇、节温器等组成。其作用是将机件多余的热量散发到大气中去，以保证发动机在正常温度下工作。

润滑系统主要由机油泵、集滤器、机油道、机油粗滤器、机油细滤器等组成。其主要功用是将机油送到各摩擦副间，以减少它们之间的摩擦与磨损。

起动系统主要由电源、起动机及附属装置组成。其作用是使静止的发动机起动并自行运转。

五、发动机的性能指标

发动机的性能指标是用来衡量发动机性能好坏的标准，发动机的主要性能指标有：动力性能指标、经济性能指标和排放性能指标。

1. 动力性能指标

（1）有效转矩 指发动机通过曲轴或飞轮对外输出的转矩，通常用 T_e 表示，单位为 $N·m$。有效转矩是作用在活塞顶部的气体压力通过连杆传给曲轴产生的转矩，并克服了摩擦，驱动附件等损失之后从曲轴对外输出的净转矩。

（2）有效功率 指发动机通过曲轴或飞轮对外输出的功率，通常用 P_e 表示，单位为 kW。有效功率同样是曲轴对外输出的净功率。它等于有效转矩和曲轴转速的乘积。发动机的有效功率可以在专用的试验台上用测功器测定，测出有效转矩和曲轴转速，然后用下式计算出有效功率。

$$P_e = T_e \frac{2\pi n}{60} \times 10^{-3} = \frac{T_e}{9550}$$

式中 T_e——有效转矩（$N·m$）；
n——曲轴转速（r/min）。

（3）转速 指发动机曲轴每分钟的转数，单位为 r/min。发动机产品铭牌上标明的功率及相应转速称为额定功率和额定转速。

2. 经济性能指标

通常用燃油消耗率来评价内燃机的经济性能。燃油消耗率是指单位有效功的燃油消耗量，也就是发动机每发出 1kW 有效功率在 1h 内所消耗的燃油质量（以 g 为单位），燃油消耗率通常用 g_e 表示，其单位为 $g/kW·h$，计算公式为

$$g_e = \frac{1000 G_T}{P_e}$$

式中 G_T——每小时的燃油消耗量（kg/h）；
P_e——有效功率（kW）。

燃油消耗率越小，表示发动机曲轴输出净功率所消耗的燃油越少，其经济性越好。通常发动机铭牌上给出的燃油消耗率是最小值。

3. 排放性能指标

排放性能指标包括排放烟度、有害气体（CO、HC、NO_x）排放量、噪声等。

六、内燃机的名称与型号编制

为了便于内燃机的生产管理和使用，GB/T 725—2008《内燃机产品名称和型号编制规则》中对内燃机的名称和型号重新作了规定。该标准的主要内容如下：

1）内燃机产品名称均按所采用的燃料命名，例如柴油机、汽油机、天然气机。

2）内燃机型号由阿拉伯数字（以下简称数字）、汉语拼音字母或国际通用的英文缩略字母（以下简称字母）组成。

3）型号编制应优先选用表1-4、表1-5、表1-6规定的字母，允许制造商根据需要选用其他字母，但不得与表1-4、表1-5、表1-6规定的字母重复。

4）内燃机的型号应简明，第二部分规定的符号必须表示，但第一部分、第三部分及第四部分符号允许制造商根据具体情况增减，同一产品的型号应一致，不得随意更改。

5）由国外引进的内燃机产品，允许在保留产品型号或原型号基础上进行扩展。经国产化的产品应按本标准的规定编制。

6）内燃机型号依次包括下列四部分，表示方法如图1-7所示。

① 第一部分由制造商代号或系列符号组成。本部分代号由制造商根据需要选择相应的1~3位字母表示。

② 第二部分由气缸数、气缸布置形式符号、冲程形式符号、缸径组成。气缸数用1~2位数字表示，气缸布置形式符号按表1-4规定，冲程形式为四冲程时符号省略，二冲程用E表示；缸径符号一般用缸径或缸径/行程数字表示，也可用发动机排量或功率数表示。其单位由制造商自定。

③ 第三部分由结构特征符号、用途特征符号组成，其符号分别按表1-5、表1-6的规定。燃料符号参见附录A。

④ 第四部分区分符号。同系列产品需要区分时，允许制造商选用适当符号表示。第三部分与第四部分可用"-"分隔。

表1-4 气缸布置形式符号

符号	含义
无符号	多缸直列及单缸
V	V型
P	卧式
H	H型
X	X型

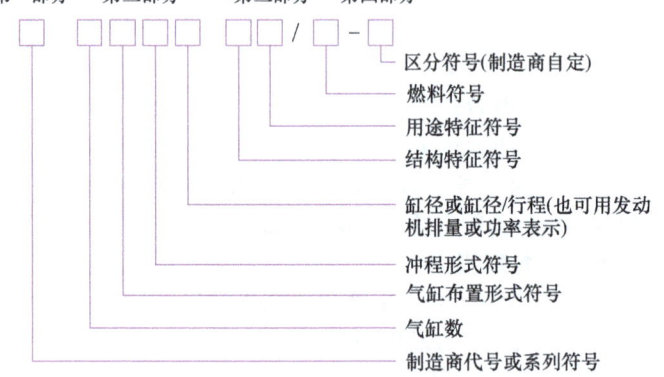

图1-7 型号表示方法

表1-5 结构特征符号

符号	结构特征
无符号	冷却液冷却
F	风冷
N	凝气冷却
S	十字头式
Z	增压
ZL	增压中冷
DZ	可倒转

表1-6 用途特征符号

符号	用途
无符号	通用型及固定动力（或制造商）
T	拖拉机
M	摩托车
G	工程机械
J	铁路机车
D	发电机组
C	船用主机、右机基本型
CZ	船用主机、左机基本型
Y	农用三轮车（或其他农用车）
L	林业机械

知识拓展

为了实现车用发动机排放水平与国际标准接轨，国内部分发动机生产企业为了区别不同排放级别的发动机，发动机型号不再采用GB/T 725—2008《内燃机产品名称和型号编制规则》进行命名，部分发动机生产企业参照国际标准编制了适合企业需要的发动机型号编制规则，例如改进后的玉柴发动机型号由企业代号、缸数代号、系列代号、功率代号、排放代号、重大结构改进代号组成。

1）企业代号统一用玉柴机器股份有限公司的标志"YC"表示。

2）缸数代号。按发动机的缸数用阿拉伯数字表示，如6缸用"6"表示，4缸用"4"表示。

3）系列代号。发动机产品以缸径和行程为系列，同一缸径和行程使用同一系列代号。系列代号用大写英文字母表示，其编号按表1-7规定执行。

表1-7 玉柴系列代号

系列代号	缸径行程	备注	系列代号	缸径行程	备注
A	108×132	现阶段不采用	F	110×112	
B	108×125	现阶段不采用	G	112×132	
C	108×120	现阶段不采用	J	105×125	
D	108×115		M	120×145	现阶段不采用
E	92×100				

4）功率代号。按发动机的实际功率（用马力表示）用阿拉伯数字表示，发动机的实际功率的个位不是0或5时，按就近选取。

5）排放代号。排放代号用阿拉伯数字表示，欧Ⅰ排放级别用1表示，欧Ⅱ排放级别用2表示。

6）重大结构改进代号用阿拉伯数字表示，从0开始顺序编号。

例：YC4D130-20表示，玉柴发动机，四缸、108mm缸径115mm行程，130马力，欧Ⅱ排放标准。

例：潍柴WP10系列柴油机型号编制规则如下：

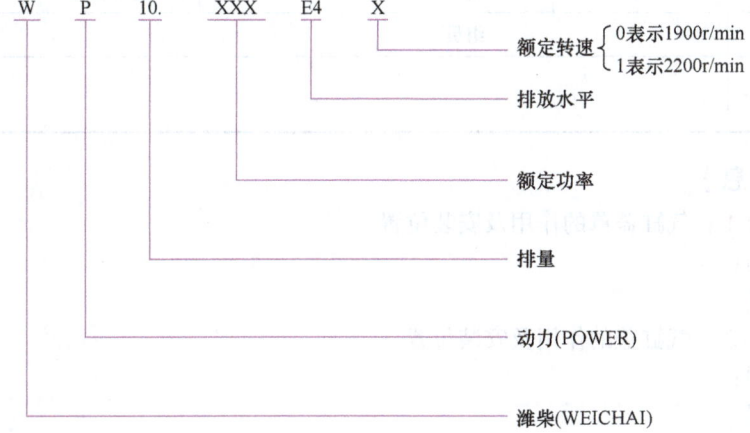

项目二 拆解与安装柴油机

任务1　拆解柴油机

【情境描述】

发动机大修时，必须将发动机拆解为零部件，并将零部件分类清洗、检测，将性能不符合要求的零部件更换。发动机的拆解必须按照一定的顺序要求并辅以拆卸专用工具。

【学习目标】

1. 能找到发动机各零部件的位置。
2. 能使用通用和专用工具拆解柴油机。

【任务分组】

班级		组号		指导教师	
组长		组员			
任务分工					

【获取信息】

引导问题1： 气缸盖罩的作用及安装位置
作　　用：
安装位置：

引导问题2： 气缸盖的作用及安装位置
作　　用：
安装位置：

引导问题3： 气缸垫的作用及安装位置
作　　用：
安装位置：

引导问题4： 气缸体的作用及安装位置
作　　用：
安装位置：

引导问题5： 油底壳的作用及安装位置
作　　用：
安装位置：

引导问题6： 摇臂组的作用、安装位置及组成
作　　用：
安装位置：

引导问题 7：活塞连杆组的作用、组成及安装位置

作　　用：

安装位置：

引导问题 8：曲轴的作用及安装位置

作　　用：

安装位置：

引导问题 9：飞轮的作用及安装位置

作　　用：

安装位置：

引导问题 10：涡轮增压器的作用及安装位置

作　　用：

安装位置：

引导问题 11：机油冷却器的作用及安装位置

作　　用：

安装位置：

引导问题 12：机油滤清器的作用及安装位置

作　　用：

安装位置：

引导问题 13：起动机的作用及安装位置

作　　用：

安装位置：

引导问题 14：燃油滤清器的作用及安装位置

作　　用：

安装位置：

引导问题 15：共轨管的作用及安装位置

作　　用：

安装位置：

引导问题 16：ECU 的作用及安装位置

作　　用：

安装位置：

引导问题 17：高压油泵的作用及安装位置

作　　用：

安装位置：

引导问题 18：喷油器的作用及安装位置

作　　用：

安装位置：

引导问题 19：张紧轮的作用及安装位置

作　　用：

安装位置：

引导问题 20：机油泵的作用及安装位置

作　　用：

安装位置：

引导问题 21：发电机的作用及安装位置

作　　用：

安装位置：

引导问题 22：水泵的作用及安装位置
作　　用：
安装位置：

引导问题 23：空气滤清器的作用及安装位置
作　　用：
安装位置：

引导问题 24：油水分离器的作用及安装位置
作　　用：
安装位置：

引导问题 25：摇臂组、推杆的拆卸步骤
第1步：
第2步：
第3步：
第4步：
第5步：
第6步：

小提示：拆卸摇臂座固定螺栓时，如果是整体式摇臂轴，摇臂座螺栓应由四周向中央对角线分两到三次逐步松开；如果是分开式的摇臂轴（即每缸一根摇臂轴），每个摇臂座的两个固定螺栓应交替分两到三次逐步拧松。

引导问题 26：拆卸气缸盖的步骤
第1步：
第2步：
第3步：
第4步：
第5步：
第6步：

小提示：为了防止气缸盖变形，气缸盖螺栓的拆卸顺序必须按先四周后中央、对角交叉的顺序进行，并分多次（一般为三次）拧松气缸盖螺栓。气缸盖螺栓拆卸顺序如图2-1所示。

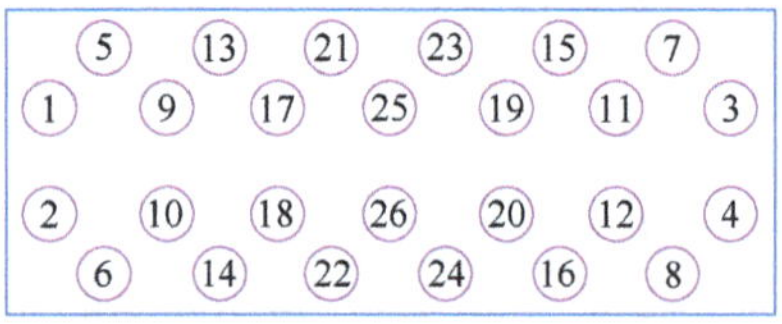

图2-1 气缸盖螺栓拆卸顺序

引导问题 27：油底壳的拆卸步骤
第1步：
第2步：
第3步：
第4步：
第5步：

小提示：油底壳螺栓也应由四周向中央交叉逐步旋松。

引导问题 28：活塞连杆组的拆卸步骤
第1步：
第2步：
第3步：
第4步：
第5步：

第 6 步：

小提示：连杆大头紧固螺栓应分两到三次交替旋松。每一活塞连杆组拆下后应做好缸序记号，并观察连杆杆身或活塞顶部有无朝前标记，若无则应标上朝前记号，然后按缸序摆放整齐。

引导问题 29：凸轮轴的拆卸步骤

第 1 步：

第 2 步：

第 3 步：

引导问题 30：飞轮的拆卸步骤

第 1 步：

第 2 步：

第 3 步：

第 4 步：

第 5 步：

第 6 步：

引导问题 31：曲轴的拆卸步骤

第 1 步：

第 2 步：

第 3 步：

第 4 步：

小提示：主轴承盖螺栓应交替分两到三次拧松。不要跌落轴瓦，应将轴承盖按顺序摆放好。

引导问题 32：机油散热器的拆卸步骤

第 1 步：

第 2 步：

第 3 步：

第 4 步：

第 5 步：

第 6 步：

引导问题 33：活塞环的拆卸步骤

第 1 步：

第 2 步：

第 3 步：

第 4 步：

第 5 步：

引导问题 34：活塞连杆组的分解步骤

第 1 步：

第 2 步：

第 3 步：

第 4 步：

第 5 步：

引导问题 35：气门组总成的分解步骤

第 1 步：

第 2 步：

第 3 步：

第 4 步：
第 5 步：

【工作实施】

引导问题 36：拆解潍柴 WP10 发动机

第 1 步：
第 2 步：
第 3 步：
第 4 步：
第 5 步：
第 6 步：
第 7 步：
第 8 步：
第 9 步：
第 10 步：

【评价反馈】

检查评估	维修资料、工具、设备的正确使用	A	B	C	D
	操作规范和任务完成情况	A	B	C	D
	任务工单填写	A	B	C	D
	纪律和回答现场提问	A	B	C	D
	团队合作	A	B	C	D
	安全和环保	A	B	C	D
成绩					
评语		教师签字： 日期：			

【相关知识】

一、拆解柴油机常用的工具

1. 扳手

（1）开口扳手　开口扳手是发动机拆装中最常用的工具之一，如图 2-2 所示。对于标准规定规格的螺栓或螺母，均可用开口扳手紧固或拆卸。开口扳手两头分别为不同尺寸，常用的规格尺寸有 8～10mm、9～11mm、12～14mm、13～15mm、14～17mm、17～19mm、21～23mm、22～24mm 等。

使用方法：根据螺栓、螺母尺寸选用合适规格的开口扳手，将扳手的开口垂直或水平插入螺栓或螺母头部，将扳手较厚的一边置于受力大的一侧。扳动扳手时，应将扳手手柄往身边拉，切不可向外推，以免将手碰伤。

（2）梅花扳手　梅花扳手也是发动机拆装中最常用的工具之一，它与开口扳手用途相似，但两头是六边花环形，如图 2-3 所示，可将螺栓或螺母套住，扳转时受力均匀，扭转力矩大，工作可靠，不易滑脱。

使用方法：根据螺栓或螺母尺寸选用合适规格的梅花扳手，将扳手垂直套入螺栓或螺母头部，扳动手势与开口扳手相同。

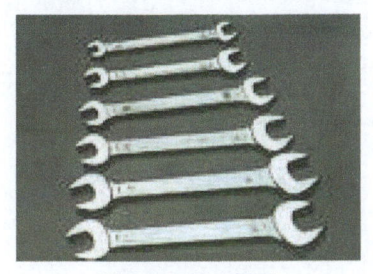
图2-2 开口扳手

图2-3 梅花扳手

（3）套筒扳手　如图2-4所示，套筒扳手的环孔形状与梅花扳手相同，适用于拆装位置狭窄或需要一定力矩的螺栓或螺母。套筒扳手手柄适用于各种不同的场合，以操作方便或提高效率为原则，常用套筒扳手的规格是10～32mm。使用方法：根据螺栓、螺母尺寸选用适合的套筒，将套筒套在快速摇柄的方形头上（视需要可连接接杆使用，也可将套筒套在棘轮手柄上使用），再将套筒套住螺栓或螺母，左手握住快速摇柄上方以保持套筒与螺栓或螺母垂直，右手转动摇柄进行紧固或拆卸。

（4）活动扳手　其开口尺寸能在一定的范围内任意调整，使用场合与开口扳手相同，但活动扳手操作起来不太灵活。如图2-5所示，其规格是以最大开口宽度（mm）来表示的，常用的有15mm、30mm等。

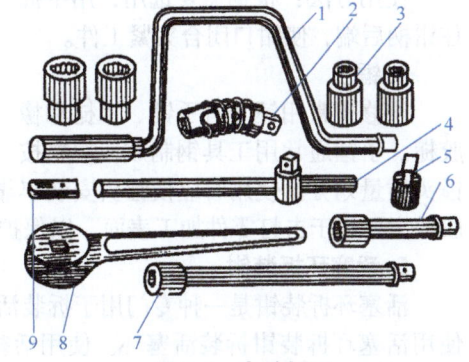

图2-4　套筒扳手
1—快速摇柄　2—万向接头　3—套筒头
4—滑头手柄　5—旋具接头　6—短接杆
7—长接杆　8—棘轮手柄　9—直接杆

（5）扭力扳手　它是一种可读出所施力矩大小的专用工具，如图2-6所示。扭力扳手除用来控制螺纹件旋紧力矩外，还可以用来测量旋转件的起动转矩，以检查配合、装配情况。使用方法：根据螺栓或螺母尺寸选用合适规格的套筒，将套筒套在扭力扳手的方芯上，再将套筒套住螺栓或螺母。用左手把住套筒，右手握紧扭力扳手手柄，往身边扳转。拧紧螺栓、螺母时，不能用力过猛，以免损坏螺纹。

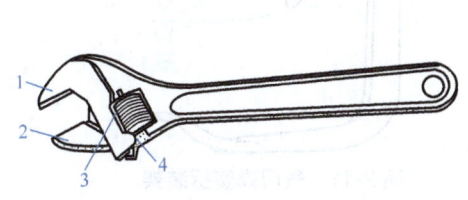

图2-5　活动扳手
1—扳手体　2—活动扳口　3—蜗轮　4—蜗杆

图2-6　扭力扳手及使用方法

（6）内六角扳手　是用来拆装内六角螺栓（螺塞）用的，如图2-7所示，规格以六角形对边尺寸表示，一般有3～27mm尺寸共13种。

2. 螺丝刀

螺丝刀主要用于旋松或旋紧有槽螺钉。螺丝刀有很多类型，其区别主要是尖部形状，常用的有一字螺丝刀和十字螺丝刀，如图2-8所示。

图 2-7　内六角扳手

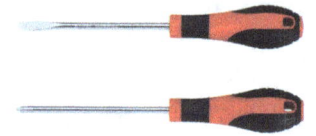
图 2-8　螺丝刀

3. 钳子

发动机拆装中常用的钳子是尖嘴钳和鲤鱼钳,如图 2-9 所示。一般用于切断金属丝、夹持或弯曲小零件。

使用方法:根据需要选用,用手握住钳柄后端,使钳口闭合夹紧工件。

4. 锤子

维修中常用锤子有手锤、木槌和橡胶槌。手锤通常用工具钢制成,规格按

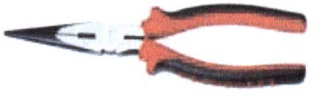

a) 尖嘴钳　　　b) 鲤鱼钳

图 2-9　钳子

锤头质量划分。使用时应使锤头安装牢靠,手握锤柄末端,用锤头正面击打物体。木槌和橡胶槌主要用于击打零件加工表面,以保护零件不被损坏。

5. 活塞环拆装钳

活塞环拆装钳是一种专门用于拆装活塞环的工具,如图 2-10 所示。大修发动机时,必须使用活塞环拆装钳拆装活塞环。使用活塞环拆装钳时,将拆装钳上的环卡卡住活塞环开口,握住手把稍稍均匀地用力,使拆装钳手把慢慢地收缩,环卡将活塞环徐徐地张开,使活塞环能从活塞环槽中取出或装入。

注意:使用活塞环拆装钳拆装活塞环时,用力必须均匀,避免用力过猛而导致活塞环折断,同时能避免伤手事故。

6. 气门弹簧拆装架

气门弹簧拆装架是一种专门用于拆装顶置气门弹簧的工具,如图 2-11 所示。使用时,将拆装架托架抵住气门,压环对正气门弹簧座,然后压下手柄,使得气门弹簧被压缩。这时可取下气门弹簧锁销或锁片,慢慢地松抬手柄,即可取出气门弹簧座、气门弹簧和气门等。

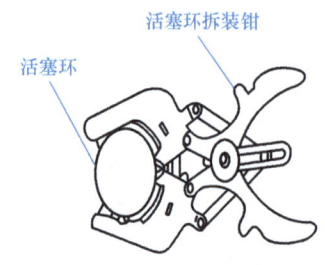
图 2-10　活塞环拆装钳

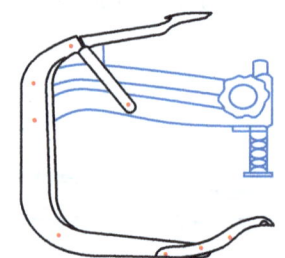
图 2-11　气门弹簧拆装架

7. 拉拔器

拉拔器是用于拆卸过盈配合安装在轴上的齿轮或轴承等零件的专用工具。常用拉拔器为手动式,在一杆式弓形叉上装有压力螺杆和拉爪。使用时,在轴端与压力螺杆之间垫一垫板,用拉拔器的拉爪拉住齿轮或轴承,然后拧紧压力螺杆,即可从轴上拉下齿轮等过盈配合安装零件,如图 2-12 所示。

8. 发动机拆装架

如图 2-13 所示,发动机拆装架由座架、蜗轮蜗杆减速器、凸缘盘、手轮等组成。它可以

使发动机做 180° 翻转，以方便拆装。使用方法：将发动机安装在翻转架上，并使重心尽量靠近翻转架转轴中心。使用时，根据需要慢慢摇转手轮，使发动机翻转到合适的位置。

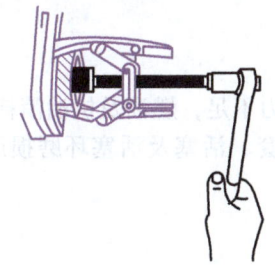
图 2-12 拉拔器

图 2-13 发动机拆装架

9. 铜棒

铜棒由较软的金属制成，其作用是避免锤子与机件直接接触，保护机件在拆装中不受损伤。使用注意事项：不准将铜棒当撬棒使用，以免弯曲；不准推磨铜棒，以免损坏；禁止将铜棒加温后使用，以免改变其材料性质。

二、安全生产注意事项

（一）个人安全

1. 手的保护

手是身体经常受伤的部位之一，保护手要从两方面着手：一是不要把手伸到危险区域，如发动机前部转动的传动带区域、发动机排气管道附近等。二是必要时应戴上防护手套。不同的场合需用不同的防护手套，金属加工用劳保安全手套，接触化学品用橡胶手套。

2. 衣服、头发及饰物

宽松的衣服、长袖、领带都容易卷进旋转的机器中，所以在参加实训时，一定要穿合体的工作服，如果戴领带则要把它塞到衬衫里。工作时不要戴手表或其他饰物，特别是金属饰物，在进行电气维修时可能会导入电流而烧伤皮肤，或导致电路短路而损坏电子元件或设备。长发很容易被卷入运转的机器中，所以长发一定要扎起来，并戴上帽子。

（二）工具和设备的安全使用

1. 手动工具的安全使用

手动工具看起来是安全的，但使用不当也会导致事故，如用一字螺丝刀代替撬棍，会导致螺丝刀崩裂、损坏；飞溅物会打伤自己或他人；扳手从油腻的手中滑落，掉到旋转的元件上，再飞出来伤人等。另外，使用带锐边的工具时，锐边不要对着自己和同事，传递工具时要将手柄朝向对方。

2. 动力工具的安全使用

所有的电气设备都要使用三相插座，地线要安全接地，电缆或装配松动应及时维护；所有旋转的设备都应有安全罩，以免部件飞出伤人。在进行电子系统维修时，应断开电路的电源，方法是断开蓄电池的负极搭铁线，这不仅可以保护人身安全，还能防止对电器的损坏。

3. 压缩空气的安全使用

使用压缩空气时，应非常小心，不要将压缩空气对着自己或别人，不要对着地面或设备、车辆乱吹。压缩空气会吹裂耳膜，造成失聪；会损伤肺部或伤及皮肤；被压缩空气吹起的尘土或金属颗粒会造成皮肤、眼睛损伤。

若所用方法或工具不在推荐使用范围之内，使用者必须首先确保自身安全，避免为使用者本人或他人带来生命危险，同时保证使用、保养或维修的方法不会造成损害风险或对安全造成危害。

任务 2　安装柴油机

子任务 1　曲柄连杆机构的安装

【情境描述】

某重型货车行驶近 50 万 km，客户反映该车发动机动力不足，燃油及机油消耗增加，排气管冒烟严重。进入 4S 店进行检查，初步判定是该车缸套、活塞及活塞环磨损严重导致，发动机需要进行大修。

【学习目标】

1. 能认识曲柄连杆机构的总体组成。
2. 能描述曲柄连杆机构各零部件的结构特点和工作原理。
3. 能使用通用和专用工具装配柴油机曲柄连杆机构。

【任务分组】

班级		组号		指导教师	
组长		组员			
任务分工					

【获取信息】

引导问题 1：气缸体上都有哪些结构？

引导问题 2：干式气缸套和湿式气缸套有什么区别？

引导问题 3：气缸盖上有哪些结构？

引导问题 4：缸套的安装步骤
第 1 步：
第 2 步：
第 3 步：

引导问题 5：曲轴的安装步骤
第 1 步：
第 2 步：
第 3 步：

小提示：曲轴主轴承盖螺栓应由内到外按规定力矩分两到三次交替拧紧。

引导问题 6：曲轴轴向间隙的检查
第 1 步：
第 2 步：
第 3 步：

引导问题 7：曲轴径向间隙的检查
第 1 步：
第 2 步：
第 3 步：

引导问题 8：飞轮的安装步骤

第 1 步：

第 2 步：

第 3 步：

引导问题 9：活塞连杆组的组装步骤

第 1 步：

第 2 步：

第 3 步：

小提示：组装活塞连杆组时，应注意活塞顶上的超前标记与连杆杆身的超前标记在同一侧。

引导问题 10：活塞环的安装步骤

第 1 步：

第 2 步：

第 3 步：

小提示：安装活塞环时，应将标有朝上标记的一面朝上，不能装反。

引导问题 11：活塞连杆组的安装步骤

第 1 步：

第 2 步：

第 3 步：

小提示：将活塞连杆组安装到气缸内时，首先应注意活塞顶上超前标记朝向发动机前端。连杆大头紧固螺栓应按规定力矩分两到三次交替拧紧。

引导问题 12：气缸盖的安装步骤

第 1 步：

第 2 步：

第 3 步：

小提示：气缸盖螺栓安装必须按先中央后四周、对角交叉的顺序进行，并分多次，如图 2-14 所示。

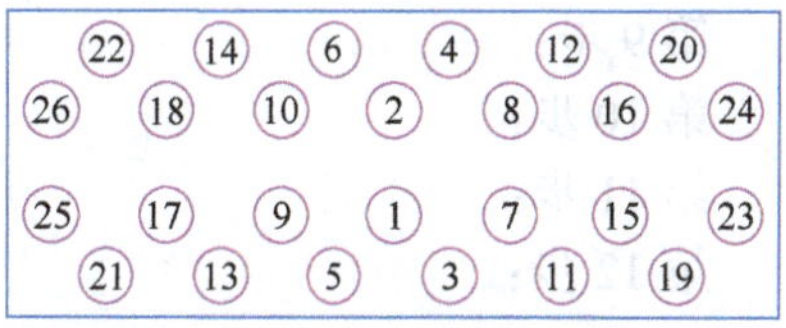

引导问题 13：油底壳的安装步骤

第 1 步：

第 2 步：

第 3 步：

图 2-14 气缸盖螺栓拧紧顺序

小提示：拧紧油底壳螺栓时，应由中间向两端对角、交叉进行。

【工作实施】

引导问题 14：装配潍柴 WP10 柴油机的曲轴飞轮组

第 1 步：

第 2 步：

第 3 步：

第 4 步：

第 5 步：

第 6 步：

第 7 步：

第 8 步：

第 9 步：

第 10 步：

第 11 步：

第 12 步：

引导问题 15：装配潍柴 WP10 柴油机的活塞连杆组

第 1 步：

第 2 步：

第 3 步：

第 4 步：

第 5 步：

第 6 步：

第 7 步：

第 8 步：

第 9 步：

第 10 步：

第 11 步：

第 12 步：

引导问题 16：装配潍柴 WP10 柴油机的机体组

第 1 步：

第 2 步：

第 3 步：

第 4 步：

第 5 步：

第 6 步：

第 7 步：

第 8 步：

第 9 步：

第 10 步：

第 11 步：

第 12 步：

【评价反馈】

检查评估	维修资料、工具、设备的正确使用	A	B	C	D
	操作规范和任务完成情况	A	B	C	D
	任务工单填写	A	B	C	D
	纪律和回答现场提问	A	B	C	D
	团队合作	A	B	C	D
	安全和环保	A	B	C	D
成绩					
评语				教师签字： 日期：	

【相关知识】曲柄连杆机构的构造

一、曲柄连杆机构概述

曲柄连杆机构（图 2-15）的作用是将燃料燃烧产生的气体压力转变为曲轴的旋转力矩，对外输出动力。发动机产生的动力，大部分经曲轴后端的飞轮输出，还有一部分通过曲轴前端的齿轮和带轮驱动其他机构和系统。

1. 曲柄连杆机构的组成

根据机件的运动方式不同，通常将曲柄连杆机构分为机体组、活塞连杆组和曲轴飞轮组，如图 2-16 所示。

图 2-15　曲柄连杆机构

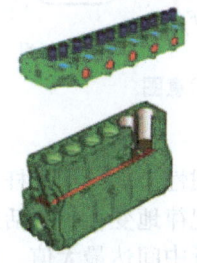 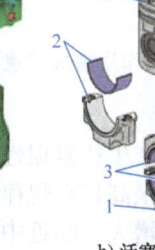 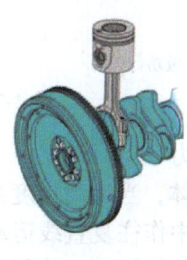

a) 机体组　　　　b) 活塞连杆组　　　c) 曲轴飞轮组

图 2-16　曲柄连杆机构的组成

1—连杆盖　2—定位凸唇　3—定位销　4—配对记号　5—朝前标记

机体组主要包括气缸体、油底壳、气缸盖、气缸盖罩、气缸垫等不动件。活塞连杆组主要包括活塞、活塞环、活塞销、连杆等运动件。曲轴飞轮组主要包括曲轴、飞轮等机件。

2. 曲柄连杆机构的工作条件

曲柄连杆机构在高温、高压、高速和化学腐蚀的条件下工作。同时，曲柄连杆机构在工作时做变速运动，受力情况相当复杂，气体压力、往复惯性力、旋转运动的离心力、相对运动件接触表面的摩擦力等都作用在曲柄连杆机构上，使其工作条件十分恶劣。

（1）气体压力

在发动机工作循环的每个行程中，气体压力始终存在且不断变化。做功行程最高，压缩行程次之；进气和排气行程较小，对机件影响不大，这里主要分析做功和压缩行程中的气体压力。图 2-17 所示为气体压力作用情况示意图。

在做功行程中，气体压力推动活塞向下运动，如图 2-17a 所示。活塞所受总压力为 F_p，它传到活塞销上可分解为 F_{p1} 和 F_{p2}。分力 F_{p1} 通过活塞传给连杆，并沿连杆方向作用在连杆轴颈上。在图 2-17b 中，F_{p1} 还可分解为两个分力 R 和 S。沿曲柄方向的分力 R 使曲轴主轴颈与主轴承间产生压紧力；与曲柄垂直的分力 S 除了使主轴颈与主轴承间产生压紧力外，还对曲轴形成转矩 T，推动曲轴旋转。F_{p2} 把活塞压向气缸壁，形成活塞与缸壁间的侧压力，有使机体翻倒的趋势，故机体下部的两侧应支撑在车架上。

在压缩行程中，气体压力阻碍活塞向上运动。这时作用在活塞顶部的气体压力 F'_p 也可分解为两个分力 F'_{p1} 和 F'_{p2}，如图 2-17b 所示。而 F'_{p1} 又分解为 R' 和 S' 两个分力。R' 使曲轴主轴颈与主轴承间产生压紧力；S' 对曲轴造成一个旋转阻力矩 T'，企图阻止曲轴旋转。而 F'_{p2} 则将活塞压向气缸的另一侧壁。

知识拓展

由于做功与压缩行程侧压力 F_{p2}、F'_{p2} 的作用，使气缸在圆周方向磨损成椭圆形，左右磨损大（即垂直于曲轴轴向方向的磨损较大）。并且由于做功行程侧压力 F_{p2} 大于压缩行程侧压力 F'_{p2}，所以承受做功行程侧压力的缸壁一侧磨损较大。另外，在发动机工作循环的任何一个工作行程中，气体压力的大小都是随着活塞位移的变化而变化的，再加上连杆的左右摇摆，因而作用在活塞销和曲轴轴颈的表面以及二者的支撑表面上的压力和作用点不断变化，造成各处磨损不均匀。

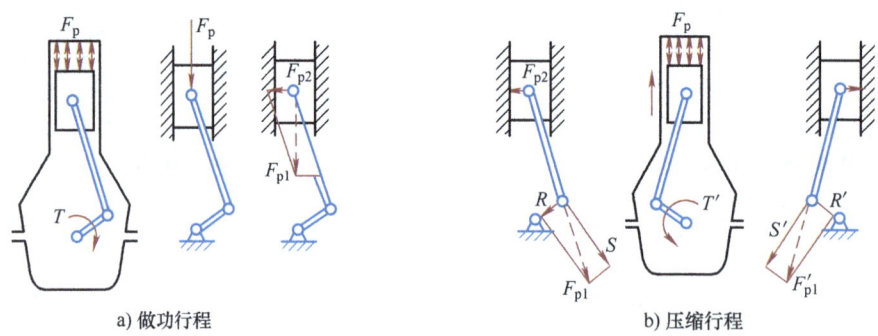

a) 做功行程　　　　　b) 压缩行程

图 2-17　气体压力作用情况示意图

（2）往复惯性力

往复运动的物体，当运动速度变化时，将产生往复惯性力。曲柄连杆机构中的活塞组件和连杆小头在气缸中作往复直线运动，其速度很高且有规律地变化，当活塞从上止点向下止点运动时，速度变化规律是：从零开始，逐渐增大，临近中间达最大值，然后又逐渐减小至零。即前半行程是加速运动，惯性力向上，以 F_j 表示，如图 2-18a 所示。后半行程是减速运动，惯性力向下，以 F_j' 表示，如图 2-18b 所示。同理，当活塞向上运动时，前半行程是加速运动，惯性力向下，后半行程是减速运动，惯性力向上。

知识拓展

惯性力使曲柄连杆机构的各零件和所有轴颈承受周期性的附加载荷，加快轴承磨损；未被平衡的变化的惯性力传到气缸体后，还会引起发动机振动。

（3）离心力

物体绕某一中心做旋转运动时，会产生离心力。在曲柄连杆机构中，偏离曲轴轴线的曲柄、连杆轴颈、连杆大头在绕曲轴轴线旋转时，将产生离心力 F_c，其方向沿曲柄向外，如图 2-18 所示。

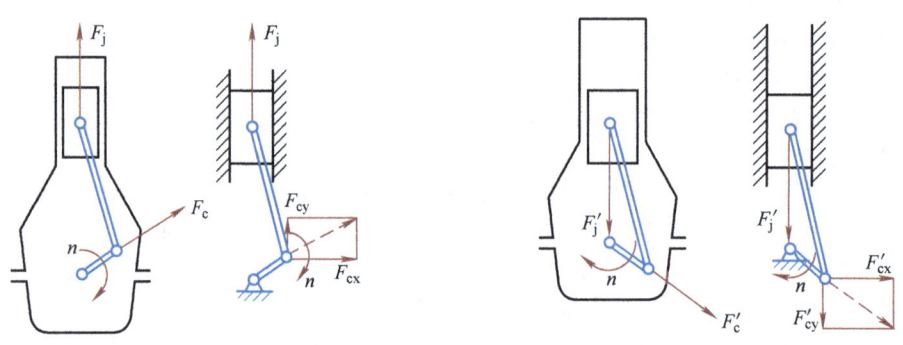

a) 活塞在前半行程的惯性力　　　　b) 活塞在后半行程的惯性力

图 2-18　往复惯性力和离心力作用情况示意图

知识拓展

离心力在垂直方向上的分力 F_{cy}，与惯性力 F_j 的方向总是一致的，因而加剧了发动机的上、下振动。而水平方向的分力 F_{cx} 则使发动机产生水平方向的振动。此外，离心力使连杆大头的轴承和轴颈受到又一附加载荷，增加了它们的变形和磨损。

(4)摩擦力

任何一对互相压紧并做相对运动的零件表面之间都存在摩擦力。在曲柄连杆机构中，活塞、活塞环、气缸壁之间，以及曲轴、连杆轴承与轴颈之间都存在摩擦力，摩擦力是造成零件配合表面磨损的根源。

上述各种力作用在曲柄连杆机构和机体的各有关零件上，使它们受到压缩、拉伸、弯曲、扭转等不同形式的载荷。为保证发动机工作可靠，减少磨损，在结构上应采取相应措施。

二、机体组的构造

（一）气缸体的构造

1. 气缸体的结构形式

气缸体是气缸的壳体，柴油机气缸体一般采用整体式结构，即气缸体与上曲轴箱连为一体，如图2-19所示。气缸体是组装发动机的基础件，它可以保持发动机各运动件相互之间的位置关系。

气缸体的结构形式通常有平分式、龙门式和隧道式三种，如图2-20所示。

图2-19 气缸体

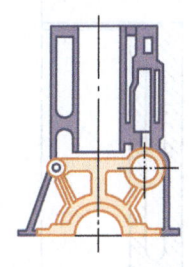 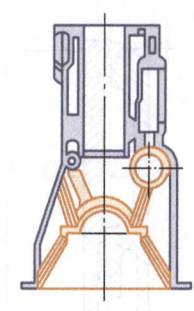 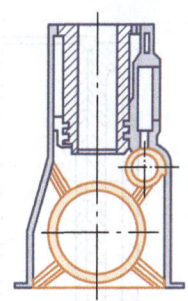

a) 平分式　　　　　b) 龙门式　　　　　c) 隧道式

图2-20 气缸体的结构形式

> **知识拓展**
>
> 平分式气缸体的上、下曲轴箱的结合面与曲轴中心线在同一个平面上。其特点是结构简单、制造方便，但刚度小，且前后端呈半圆形，与油底壳接合面的密封较困难，不便维修。多用于中小型发动机。
>
> 龙门式气缸体的上、下曲轴箱的结合面在曲轴中心线以下。其特点是，气缸体抗弯曲、扭曲的刚度大，曲轴箱前后端面为平面，密封简单可靠，曲轴拆装方便，故被大中型柴油机广泛采用。
>
> 隧道式气缸体的主轴承座孔与曲轴箱的横隔板铸为一体，使气缸体的结构刚度大，主轴承同轴度易于保证，无需大型曲轴锻造设备。但曲轴主轴承必须采用滚动轴承，使曲轴拆装困难。国产135系列柴油机即采用隧道式气缸体。

2. 气缸的排列方式

发动机气缸排列方式有三种：直列式、V型和对置式，如图2-21所示。

3. 气缸与气缸套

气缸体内引导活塞作往复运动的圆柱形空腔称为气缸，也可以在气缸体内镶入气缸套形成气缸工作表面。

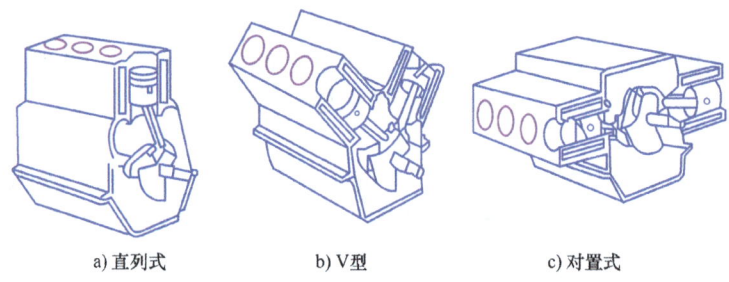

图 2-21　发动机气缸排列形式

a) 直列式　　b) V型　　c) 对置式

> **知识拓展**
>
> 在气缸内镶嵌气缸套益处很多，气缸工作表面承受燃气的高温、高压作用，且活塞在其中作高速运动，因此要求其耐高温、耐高压、耐磨损和耐腐蚀。为了提高耐磨性，有时在铸铁中加入了一些合金元素（如镍、钼、铬和磷等）。但如果气缸体全部采用优质耐磨材料，则成本太高，因为除与活塞配合的气缸壁表面外，其他部分对耐磨性要求并不高。所以如果在气缸体内镶入气缸套形成气缸工作表面，气缸套可用耐磨性较好的合金铸铁或合金钢制造，而气缸体则用价格较低的普通铸铁或铝合金等材料制造，可降低制造成本，维修也比较方便。
>
> 气缸套有三种结构形式，即干式、湿式和无缸套，如图2-22所示。

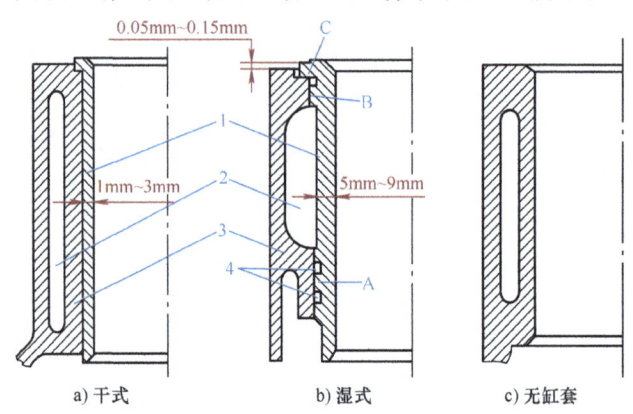

图 2-22　气缸套的结构形式

a) 干式　　b) 湿式　　c) 无缸套

1—气缸套　2—水套　3—气缸体　4—橡胶密封圈　A—下支撑密封带　B—上支撑定位带　C—缸套凸缘下平面

> **知识拓展**
>
> 干式气缸套不直接与冷却液接触，壁厚较薄，一般为 1~3mm。
>
> 湿式气缸套与冷却液直接接触，壁厚较厚，一般为 5~9mm。为了保证径向定位，气缸套外表面有两个凸出的圆环带，即上支撑定位带和下支撑密封带，轴向定位利用上端凸缘实现。湿式缸套的顶部和底部必须采用密封件，以防止冷却液从冷却系统中渗出。大多数湿式缸套压入缸体后，其顶面高出气缸体上平面 0.05~0.15mm。这样当紧固气缸盖螺栓时，可将气缸盖衬垫压得更紧，以保证气缸更好地密封和气缸套更好地定位。湿式缸套铸造方便，容易更换，冷却效果好，但气缸体刚度差，易出现漏气、漏水、穴蚀。
>
> 无缸套式即不镶嵌任何气缸套，在机体上直接加工出气缸，优点是可以缩短气缸中心距，使机体尺寸和质量减小，但成本较高。沃尔沃 D4 系列发动机所采用的无缸套的气缸体结构如图 2-22c 所示。

（二）气缸盖的构造

气缸盖的作用是封闭气缸上部，并与活塞顶部共同组成燃烧室。在气缸盖内有冷却液腔、进/排气道。气缸盖上装有进/排气门座圈、气门、气门弹簧、进/排气管、摇臂、摇臂轴、喷油器、冷起动预热塞等。

知识拓展

柴油机气缸盖是在很高的气体压力和热应力下工作的，同时承受缸盖螺栓预紧力的作用。气缸盖应具有足够的刚度与强度，以免翘曲变形，保证气缸的密封。柴油机气缸盖一般采用优质铸铁制造。强化柴油机的气缸盖，为提高其耐热强度而采用合金铸铁或高强度球墨铸铁制造。

柴油机气缸盖有整体式缸盖和分开式缸盖，如图 2-23 所示。

整体式缸盖具有结构紧凑，制造成本低的优点，但由于其尺寸较长、刚度较差，易变形，在使用中易产生漏气、漏水的故障，它适用于小型柴油机。

分开式缸盖采用一缸一盖或多缸一盖，常用在缸径较大的多缸柴油机中。例如，YC6110Q型柴油机采用整体式缸盖，YC6105QC型柴油机是三个气缸用一个气缸盖，6135G型柴油机则是每两个气缸共用一个气缸盖，WD615系列柴油机则采用一缸一盖。

a) 整体式　　　　　b) 一缸一盖　　　　　c) 三缸一盖

图 2-23　柴油机气缸盖的类型

（三）气缸垫的构造

1. 气缸垫作用与要求

气缸垫用来保证气缸体与气缸盖的密封，防止漏气、漏水。

气缸垫应满足下列主要要求：在高温、高压燃气作用下有足够的强度，不易损坏。耐热和耐腐蚀，即在高温高压燃气或有压力的机油和冷却液的作用下，不烧损和不变质。具有一定的弹性，能补偿接合面的不平度，以保证密封。拆装方便，能重复使用，寿命长。

2. 气缸垫的构造

气缸垫的构造如图 2-24 所示。目前气缸垫的结构大致有以下几种：

金属-石棉垫如图 2-24a、b 所示。外包铜皮和钢片，且在缸口、冷却液孔、油道口周围卷边加强，内填石棉（常掺入铜屑或钢丝，以加强导热，平衡缸体和缸盖的温度）。这种衬垫压紧厚度为 1.2~2mm，有很好的弹性和耐热性，能重复使用。但厚度和质量的均一性较差。

另一种是金属骨架-石棉垫，以编织的钢丝网，如图 2-24c 所示，或有孔钢板，如图 2-24d 所示，为骨架，外覆石棉及橡胶黏结剂压成垫片，表面涂以石墨粉等润滑剂，只在缸口、冷却液孔及油道口处用金属片包边。这种缸垫弹性好，但易黏结，一般只能使用一次。有的气缸垫既有金属骨架，石棉外又包金属包皮。为了提高气缸口处的防烧蚀能力，有的镶以抗高温氧化能力较强的镍边，有的缸口部分则没有石棉，只由几层薄钢片组成。

纯金属垫由单层或多层金属片（铜、铝或低碳钢）制成，如图 2-24e 所示，在气缸孔和水道孔等周围冲出一定高度的凸纹，利用其弹性变形来实现对气缸的密封。这种气缸垫有较高的交变弯曲强度，寿命较长，用于某些强化发动机，但对气缸盖和气缸体结合面的平整度和刚度要求较高。

无石棉气缸垫如图 2-24f 所示，国际上已公认石棉是一种致癌物质，因此一些发动机已开始使用无石棉气缸垫。

某些发动机开始使用耐热密封胶（彻底取代了气缸垫），它与使用纯金属垫的发动机一样，对缸体和缸盖结合面的加工精度要求较高。

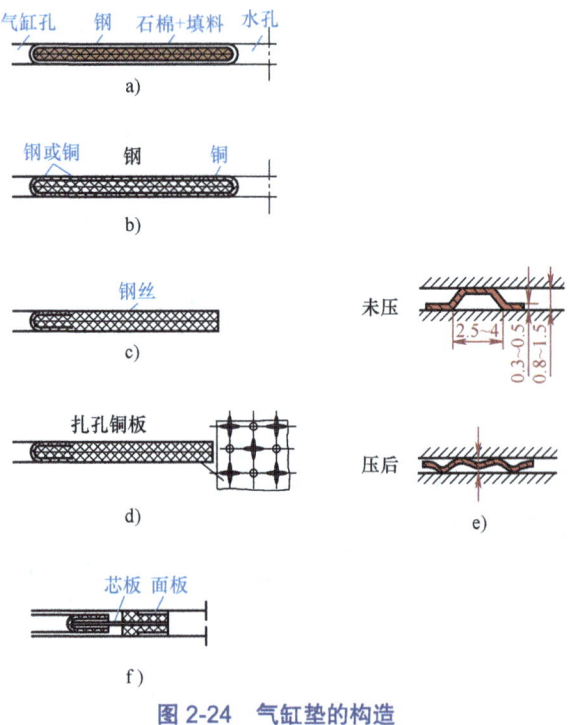

图 2-24　气缸垫的构造

a)～d) 金属-石棉垫　e) 纯金属垫　f) 无石棉气缸垫

（四）油底壳的构造

油底壳的主要功用是储存和冷却机油，并封闭曲轴箱。在最低处设有放油塞，以便放出机油。有的放油塞还带有磁性，可以吸附机油中的铁屑，以减小发动机的磨损。为了防止发动机振动时油底壳油面产生较大的波动，在油底壳的内部设有稳油挡板，如图 2-25 所示。由于油底壳受力很小，一般用薄钢板冲压而成，有些铝合金油底壳还有散热片。曲轴箱与油底壳之间为了防止漏油，其之间装有软木衬垫，也有涂密封胶的。

三、活塞连杆组的构造

活塞连杆组由活塞、活塞环、活塞销和连杆等组成，如图 2-26 所示。

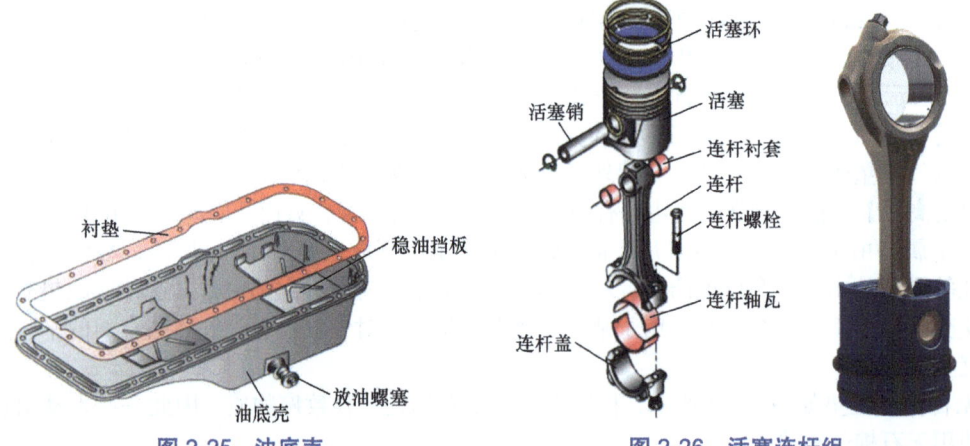

图 2-25　油底壳　　　　图 2-26　活塞连杆组

（一）活塞的构造

活塞的作用是与气缸盖和气缸壁等共同组成燃烧室，承受气体压力，并通过活塞销传给连杆，以推动曲轴旋转。根据其作用，活塞可分为顶部、环槽部、裙部和活塞销座四部分，如图 2-27 所示。

> **知识拓展**
>
> 活塞在工作中要承受气体压力、摩擦力、惯性力及侧压力等交变载荷的作用，同时活塞在工作中接触高温燃气和机油。因此要求活塞具有足够的强度和刚度、较轻的质量、小的膨胀量、良好的导热性、耐磨、耐腐蚀等性能，并且要求在各种工况下能与气缸壁之间有合适的间隙。目前汽油机活塞广泛采用的是质量轻、导热性能好、膨胀系数小的铝合金材料。柴油机多采用球墨铸铁或灰铸铁，以提高活塞的强度、刚度。

图 2-27 活塞的结构

1. 顶部

活塞的顶部是燃烧室的组成部分，用来承受气体压力。为了提高刚度和强度，并加强散热能力，背面多有加强筋。根据不同的目的和要求，活塞顶部制成各种不同的形状，通常有平顶、凹顶、凸顶等形状，如图 2-28 所示。

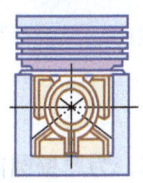 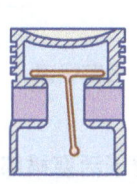 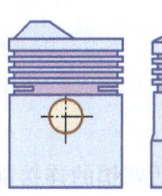 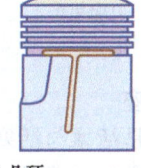

a) 平顶　　b) 凹顶　　c) 凸顶

图 2-28 活塞顶部的形状

柴油机活塞顶部多为凹顶，其形状是根据燃烧室要求设计的，常见的燃烧室形状如图 2-29 所示。

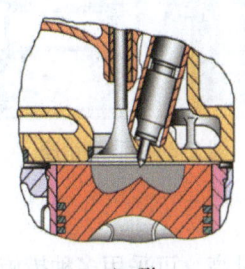 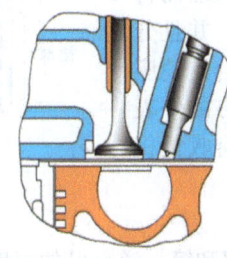 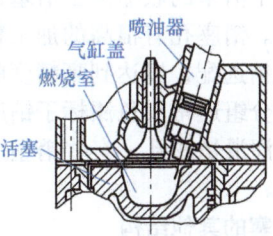

a) ω形　　b) 球形　　c) U形

图 2-29 常见的燃烧室形状

2. 环槽部

活塞的环槽部切有若干环槽，用以安装活塞环。它是活塞的防漏部分，两环槽之间称为环岸。

环槽的形状与活塞环断面形状相适应，通常为矩形或梯形。靠顶部的环槽装压缩环（气环），一般为 2、3 道。下面的环槽装油环，一般为 1、2 道。柴油机活塞上大多装有三道活塞环。上面两道为气环，下面一道为油环。油环环槽的槽底圆周上制有若干贯通的泄油孔或泄油槽，油环从缸壁上刮下多余的机油，经此流回油底壳。

活塞顶部与活塞环槽统称为活塞头部，有数道环槽安装活塞环用于密封气缸，防止燃气漏入曲轴箱，同时阻止机油窜入燃烧室。此外，还将活塞头部吸收的热量通过活塞环传到气缸壁，降低活塞顶部的温度。活塞头部较厚，目的是加强热传导和活塞头部的刚度、强度，使活塞顶吸收的热量能顺利地传至第二和第三道环处，以减轻第一道环的热负荷。

3. 裙部

活塞裙部用来为活塞上下运动导向和承受侧压力。因而，裙部既要有一定的长度，以保证可靠的导向，又要有足够大的面积，以防止活塞对气缸壁的单位面积压力过大，破坏润滑油膜，加大磨损。

裙部的基本形状为一薄壁圆筒，完整的称为全裙式，如图 2-30a 所示。高转速发动机趋于大缸径、短行程，并降低发动机的高度。为了避免活塞与曲轴平衡重块相碰，有时也为了减小质量，在保证有足够承压面积的情况下，在活塞不受作用力的两侧，即沿销座孔轴线方向的裙部去掉一部分，形成半托板式裙部，如图 2-30b 所示，或者全部去掉，形成托板式裙部，如图 2-30c 所示。托板式裙部弹性较大，可以减小活塞与气缸壁间的装配间隙。

a) 全裙式　　　　b) 半托板式　　　　c) 托板式

图 2-30　活塞裙部

4. 活塞销座

活塞销座是活塞与活塞销的连接部分，位于活塞裙部的上部，为厚壁圆筒结构，用以安装活塞销，如图 2-31 所示。活塞所承受的气体压力、惯性力都是通过销座传给活塞销的。为了限制活塞销的轴向窜动，大部分活塞在销座孔内接近外端面处开有卡环槽，用以安装卡环。两卡环之间的距离大于活塞销的长度，使卡环与活塞销端面之间留有足够的间隙，以防冷却过程中活塞的收缩大于活塞销的收缩而将卡环顶出。销座孔有很高的加工精度，并且分组与活塞销选配，以达到高精度的配合，销座孔的尺寸分组通常用色漆标于销座下方的外表面。为了润滑销座孔，有些销座上钻有收集机油的小孔。

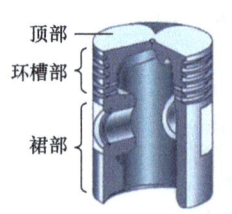 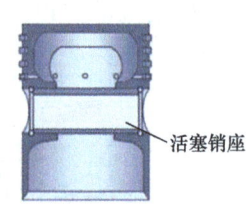

图 2-31　活塞销座

5. 活塞的其他结构

（1）温控结构　为了防止活塞顶部和第一道环槽的温度过高，可采用多种措施来降低活塞温度，喷油冷却是常用的冷却方法。T815 系列、YC6105QC 型柴油机采用由连杆小头向活塞内腔顶部喷射机油的办法，如图 2-32a 所示。T815 系列、WD615 系列、YC6110Q 型、沃尔沃系列柴油机在气缸体下部设有专门的喷嘴，在活塞运行到下止点时向活塞内腔顶部喷射机油降低活塞的温度，如图 2-32b、图 2-33 所示。

（2）应对活塞变形的结构　活塞裙部是为活塞运动导向和承受侧压力的，因而裙部有一定的长度，以保证可靠的导向和足够的承压面积。裙部的基本结构形状为一薄壁圆筒。活塞在工作时由于承受气体压力、侧压力及受活塞热胀冷缩的影响，会使活塞变成椭圆形，如图 2-34 所示。

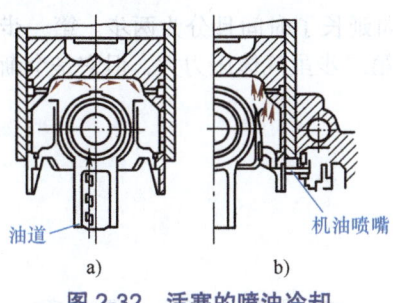
图 2-32 活塞的喷油冷却
a) 油道 b) 机油喷嘴

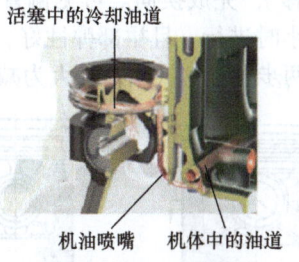
图 2-33 喷油冷却装置

为了使活塞在发动机运转时呈圆形,所以将活塞加工成椭圆形,其长轴位于垂直于活塞销座轴线方向上,以保持活塞变形后圆周间隙比较均匀。现代车用高速柴油机的活塞,沿其高度根据其各处膨胀量的大小和方向,有不同的椭圆度,一般为 0.10～0.60mm,如图 2-35 所示。

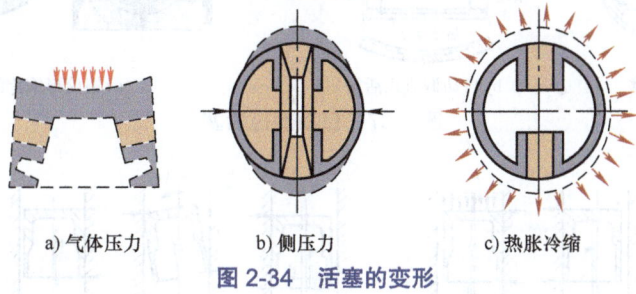
a) 气体压力 b) 侧压力 c) 热胀冷缩
图 2-34 活塞的变形

活塞的温度分布是不均匀的,由顶部到裙部温度逐渐降低,会导致在发动机工作时,活塞头部的膨胀量大于裙部,自上而下膨胀由大而小。因此,柴油机活塞的外径尺寸沿高度方向上做成上小下大的阶梯形或截锥形(图 2-36),使活塞在热状态时与气缸形状吻合。

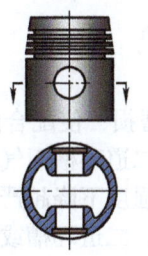
图 2-35 椭圆活塞

 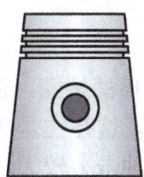
a) 阶梯形 b) 截锥形
图 2-36 上小下大的活塞

为了控制铝合金活塞受热后的膨胀量,在活塞销座和裙部内镶入钢制骨架,阻止活塞裙部的热膨胀。这种活塞也称自动热控活塞,如图 2-37 所示。它可以减小活塞裙部与气缸的配合间隙,降低柴油机噪声,特别是在冷却液温度较低时,降低噪声效果更为显著。

(3)偏置销座 活塞销座通常用加强筋与活塞内壁相连,以提高其刚度。销座孔内有安装卡环的卡环槽。销座中心线一般都在活塞中心线的平面内,也有的柴油机将销孔中心偏离活塞中心,以减少活塞对气缸的冲击和噪声,提高柴油机的动力性。

一般发动机活塞的销座轴线与活塞的中心线垂直相交,当活塞在上止点改变运动方向时,由于侧压力瞬间换向,使活塞与缸壁的接触面突然由一侧平移至另一侧,如图 2-38a 所示,便产生活塞对气缸壁的拍击(俗称敲缸),增加了发动机的噪声。因此,高转速发动机将活塞销座朝向承受膨胀做功侧压力的一面(图中左侧)偏移 1～2mm,如图 2-38b 所示。这样,在接近上止点时,作用在活塞销座轴线右侧的气体压力大于左侧,使活塞倾斜,裙部下端提前换向;当活塞越过上止点,侧压力反向时,活塞以左下端接触处为支点,顶部向左转（不是平移），完成换向。可见偏置销座使活塞换向延长了时间且分为两步。第一步是在气体压力较小时进行，且裙部弹性好，有缓冲作用。第二步虽气体压力大，但它是个渐变过程。因此，两步过渡使换向冲击大为减弱。

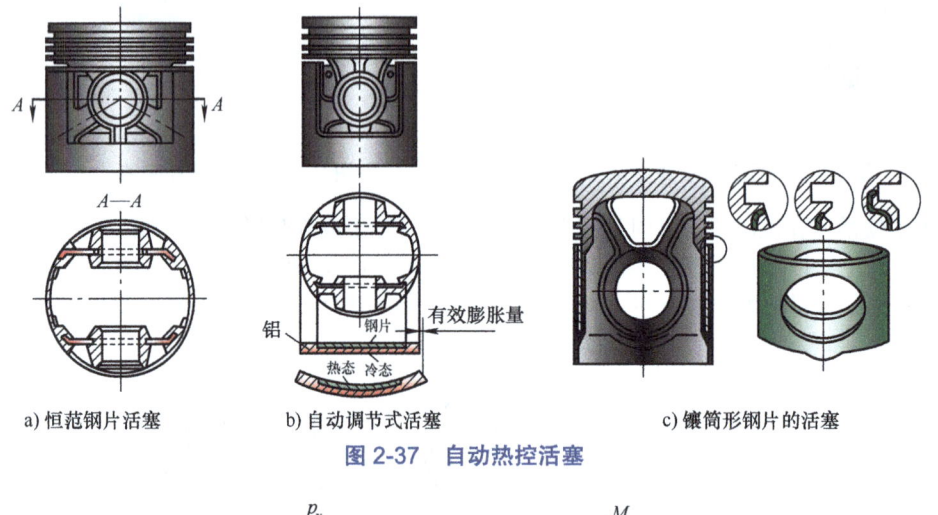

图 2-37　自动热控活塞

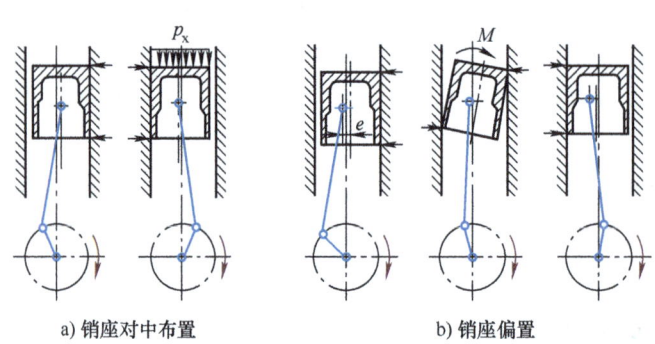

图 2-38　销座位置与活塞的换向过程

（4）环槽护圈　活塞环槽上下侧面，在工作时产生冲击磨损，使配合间隙增大，密封性能变坏。这往往是活塞报废的主要原因之一。其中，第一、二道环槽因气体压力的作用受活塞环的冲击力较大，而且越靠近顶部温度越高，材料硬度和强度下降越严重，所以磨损也越快。因此，某些高速发动机，特别是强化的柴油机，在第一、二道环槽或所有的环槽内镶入膨胀系数与铝合金相近的耐磨材料（常用奥氏体铸铁或奥氏体钢），并制成环槽护圈，如图 2-39 所示。图 2-40 所示为沃尔沃 D6E 型柴油机在第一道环槽上镶的奥氏体铸铁护圈。也有些锻造活塞在环槽内喷涂耐磨金属。

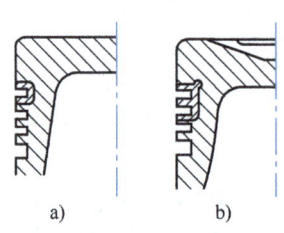

图 2-39　活塞环槽护圈

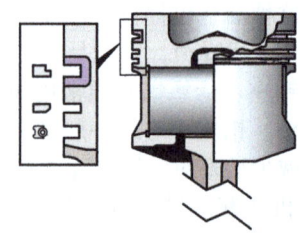

图 2-40　沃尔沃 D6E 型柴油机的活塞环槽护圈

（二）活塞环的构造

1. 活塞环的功用与分类

按功用不同，活塞环可分为气环和油环两种。

气环的作用是保证活塞与气缸壁间的密封，防止高温、高压的燃气窜入曲轴箱，同时将活塞顶部的热量传导到气缸壁，再由冷却液或空气带走。气环为一带有切口的弹性片状圆环，在自由状态下，气环的外径略大于气缸的直径，当气环装入气缸后，产生弹力使气环压紧在气缸壁上，其切口具有一定的间隙，如图2-41a所示。一般发动机每个活塞上装有2~3道气环。

油环用来刮除气缸壁上多余的机油，并在气缸壁上布上一层均匀的油膜。这样可以防止机油窜入燃烧室燃烧，又可以减小活塞、活塞环与气缸的磨损和摩擦阻力，如图2-41b所示。此外油环也起到密封的辅助作用。通常发动机上有1~2道油环。

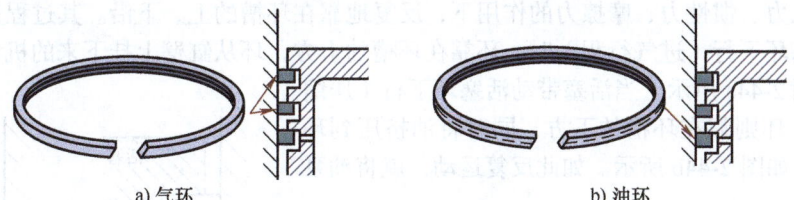

a) 气环　　　　　　　　b) 油环

图 2-41　活塞环的结构

知识拓展

由于活塞环也是在高温、高压、高速及润滑困难的条件下工作，且运动情况复杂，因此要求其材料应有良好的耐热性、导热性、耐磨性、磨合性、韧性及足够的强度和弹性。目前，活塞环的材料采用优质铸铁、球墨铸铁、合金铸铁，并对第一道气环甚至所有活塞环实行工作表面镀铬或喷钼处理，提高耐磨性。

2. 活塞环的间隙

发动机工作时，活塞、活塞环都会发生热膨胀，为防止环卡死在缸内或胀死在环槽中，安装时，活塞环应留有端隙、侧隙和背隙，如图2-42所示。

端隙Δ_1又称为开口间隙，是活塞环在冷态下装入气缸后，该环在上止点时环的两端头的间隙，一般为0.25~0.50mm。

侧隙Δ_2又称为边隙，是指活塞环装入活塞后，其侧面与活塞环槽之间的间隙。第一环因工作温度高，间隙较大，一般为0.04~0.10mm，其他环一般为0.03~0.07mm，油环侧隙较气环小。

背隙Δ_3，是活塞及活塞环装入气缸后，活塞环内圆柱面与活塞环槽底部间的间隙，一般为0.50~1.00mm。油环背隙较气环大，以增大存油间隙，利于减压泄油。

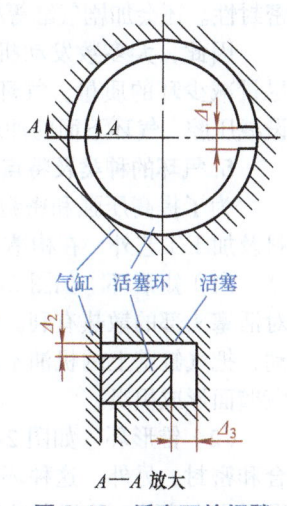

图 2-42　活塞环的间隙

3. 气环的密封原理

活塞环在自由状态下不是圆环形，其外形尺寸比气缸内径大，当它随活塞一起装入气缸后，便产生弹力而紧贴在气缸壁上，形成第一密封面，使气体不能通过环与气缸接触面的间隙。活塞环在气体压力作用下，压紧在环槽的下端面上，形成第二密封面，于是燃气绕流到环的背面，并发生膨胀，其压力降低。同时，燃烧压力对环背的作用力F_2使环更紧地贴在气缸壁上，形成对第一密封面的第二次密封，如图2-43所示。

气体从第一道气环的切口漏到第二道气环的上平面时压力已有所降低，又把这道气环压贴在第二环槽的

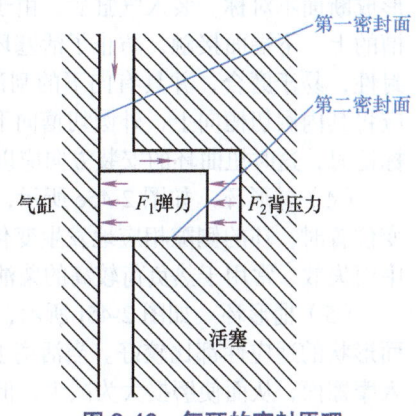

图 2-43　气环的密封原理

下端面上,于是,气体又绕流到这个环的背面,再发生膨胀,其压力又进一步降低。如此下去,从最后一道气环漏出来的气体,其压力和流速已大大减小,因而漏气量也就很少了。

为减少气体泄漏,将活塞环装入气缸时,各道环的开口应相互错开。如有三道环,则各道环开口应沿圆周成120°夹角;如有四道环,则第一道和第二道互错180°,第二道和第三道互错90°,第三道和第四道互错180°,形成迷宫式的路线,增大漏气阻力,减少漏气量。

4. 气环的泵油作用

由于侧隙和背隙的存在,当发动机工作时,活塞环便产生了泵油作用,如图2-44所示。环在气体压力、惯性力、摩擦力的作用下,反复地靠在环槽的上、下沿。其过程是:当活塞带动着活塞环下行(进气行程)时,环靠在环槽的上方,环从缸壁上挂下来的机油充入环槽下方,如图2-44a所示。当活塞带动活塞环下行(压缩行程)时,环则靠在环槽的下方,同时将油挤压到环槽的上方,如图2-44b所示。如此反复运动,就将油泵到活塞顶。

活塞环的泵油作用,一方面对润滑困难的气缸是有利的,另一方面随发动机转速的日益提高,泵油作用加剧,不仅增加了机油的消耗,而且会使燃烧室内积炭增多,甚至环槽内形成积炭,挤压活塞环而失去密封性。还会加剧气缸等构件的磨损。

因此,大多数发动机在结构上采取如下措施:即尽量减少环的质量,气环采取特殊断面形状,油环下设减压腔,气环下面的油环加衬簧或用组合式油环等。

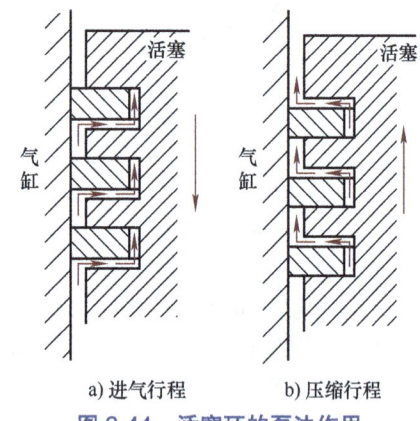

图 2-44 活塞环的泵油作用

5. 气环的种类及特点

为了提高压强和密封,加速磨合,减小泵油和改善润滑(布油和刮油),除合理选择材料及加工工艺外,在构造上出现了许多不同断面形状的气环,常见的有以下5种:

(1)矩形环 如图2-45a所示,断面为矩形,结构简单,制造方便,与缸壁接触面积大,对活塞头部的散热有利。但磨合性能和刮油性能较差,随活塞做往复运动时在环槽内上下窜动,把气缸壁上的机油不断挤入燃烧室中,产生泵油作用,使机油消耗增加,活塞顶及燃烧室壁面形成积炭。

(2)锥形环 如图2-45b所示,外圆面为锥角很小的锥面,与缸壁是线接触,有利于磨合和密封。另外,这种环在活塞下行时有刮油作用,上行时有布油作用。安装这种环只能按图示方向安装。为避免装反,在环端上侧面标有记号("向上"或"TOP"等)。

(3)扭曲环 如图2-45c、d所示,是在矩形环的内圆上边缘或外圆下边缘切去一部分,形成断面不对称。装入气缸后,由于弹性内力的作用使断面发生扭转,从而使环的边缘与环槽的上、下端面接触,防止了活塞环在环槽内上下窜动而造成的泵油作用,同时还增加了密封性,易于磨合,并具有向下的刮油作用。安装扭曲环时,必须注意环的断面形状和方向,应将其内圆切槽向上,外圆切槽向下,不能装反;当然如果是在扭曲环的一侧面上标有朝上标记时,这时扭曲环的安装方向应以朝上标记为准。

(4)梯形环 如图2-45e所示,断面为梯形,抗黏结性好,当活塞受侧压力的作用而改变位置时,环的侧隙相应地发生变化,使沉积在环槽中的结焦被挤出,避免了环被粘在环槽中而失效,常用于热负荷较高的柴油机第一道环。

(5)桶形环 如图2-45f所示,外圆面为外凸圆弧形,其密封性、磨合性及对气缸壁表面形状的适应性都比较好。当活塞上、下运动时,桶形环均能形成楔形间隙,使机油容易进入摩擦面,从而使磨损大为减少,但圆弧表面加工较困难。

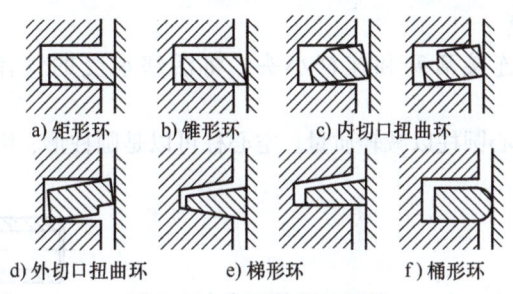

图 2-45　气环的断面形状

6. 油环的种类及特点

无论活塞上行或下行，油环都能将气缸壁上多余的机油刮下来经活塞上的回油孔流回油底壳。油环的刮油作用如图 2-46 所示。目前柴油机采用的油环有整体式和组合式两种。

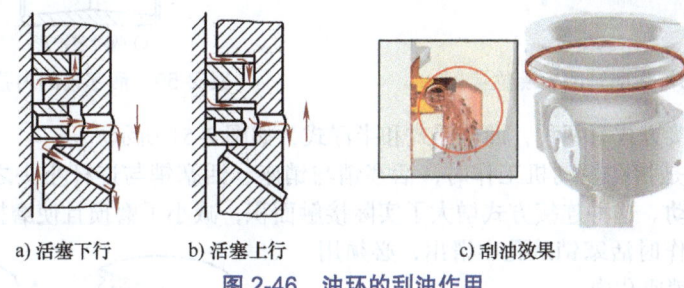

图 2-46　油环的刮油作用

（1）整体式　整体式油环的基本结构和形状如图 2-47a 所示。为了增加刮油效果，其外圆上切有环形槽，槽底开有若干回油用的小孔或窄槽。

不少发动机将油环减薄，在其背后加装弹性衬簧，如图 2-47b 所示。这样既保证了对缸壁的压力，又有较好的柔性，改善了对缸壁贴合的适应性。此外，也显著减小了因环面磨损而使弹力下降的影响，从而延长了油环的使用寿命。

（2）组合式　组合式油环由起刮油作用的钢片（也加刮油片）和产生径向、轴向弹力作用的衬簧组成，如图 2-48 所示。它由两片钢片和一个兼起径向、轴向弹力作用的衬簧组成。这种衬簧之所以能产生轴向弹力，是因为自由状态时衬簧和两个钢片的总厚度大于环槽的高度，径向弹力使两钢片分别贴合在环槽上的上、下侧，使第二密封面密封，并消除了侧隙。由四片钢片和径向、轴向两个衬簧组成的组合式油环，片多而薄顺应性好，而且各片开口错开，更有利于密封。

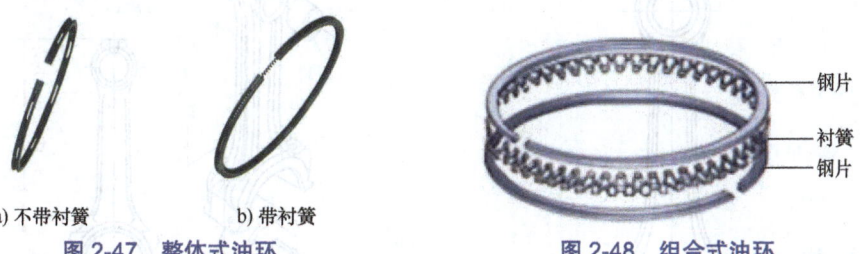

图 2-47　整体式油环　　　　图 2-48　组合式油环

📖 知识拓展

组合式油环的钢片表面是镀铬的，否则易产生粘着磨损。由于组合式油环没有侧隙，所以环不能在环槽内浮动，从而关闭了机油经背隙和侧隙窜油的通道，再加上其弹力大，三个方向的回油能力强，以及因上下刮片分别动作而适应性强，使刮油效果显著优于整体式，因而组合式油环应用越来越广泛，有取代整体式油环之势。

(三)活塞销的构造

活塞销的作用是连接活塞和连杆小头,将活塞承受的气体作用力传给连杆,如图2-49所示。

活塞销一般做成空心圆柱以减轻质量。空心柱可以是圆柱形、组合形或两段截锥形,如图2-50所示。

图2-49 活塞销的安装位置

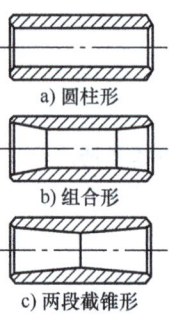

图2-50 活塞销的内孔形状

活塞销的连接方式有两种,即全浮式和半浮式,如图2-51所示。

全浮式连接是指在发动机工作时,活塞销与销座、活塞销与连杆小头之间都是间隙配合,可以相互转动。这种连接方式增大了实际接触面积,减小了磨损且使磨损均匀,被广泛采用。为防止工作时活塞销从孔中滑出,必须用卡环将其固定在销座孔内。

半浮式连接是指销与座孔或销与连杆小头两处,一处固定,一处浮动。其中大多数采用销与连杆小头固定的方式。可以将活塞销压配在连杆小头孔内,也可将活塞销中部与连杆小头用紧固螺栓连接。这种方式不需要卡环,也不需要连杆衬套。

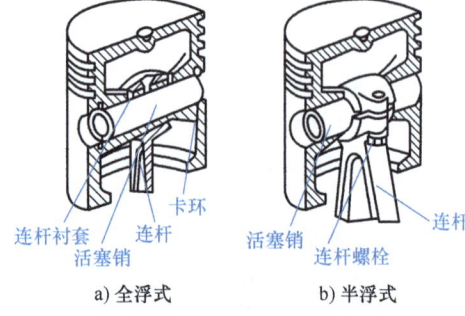

图2-51 活塞销的连接方式

(四)连杆组的构造

连杆组包括连杆体、连杆盖、连杆轴承、连杆螺栓等,如图2-52所示。连杆体和连杆盖统称为连杆。

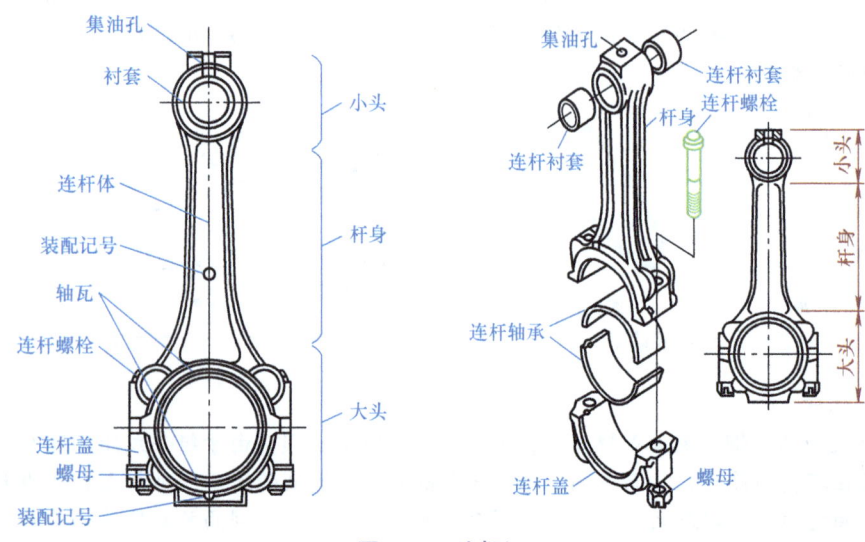

图2-52 连杆组

知识拓展

连杆工作时要承受活塞销传来的气体压力及本身摆动和活塞往复运动时的惯性力。这些周期性变化的力使连杆受到拉伸、压缩、弯曲等交变载荷的作用,因而要求连杆要有足够的刚度和强度,质量尽可能小。连杆一般采用中碳钢或中碳合金钢经模锻成型,然后进行机加工和热处理。

1. 连杆

连杆由小头、杆身和大头三部分组成。连杆小头与活塞销连接。采用全浮式连接时,小头孔中有减磨青铜衬套,小头和衬套上钻有集油槽,用来收集飞溅到的机油进行润滑。有些发动机连杆小头采用压力润滑,则在连杆杆身内钻有纵向油道。

连杆杆身制成"工"字形断面,以求在强度和刚度足够的前提下减小质量。连杆杆身上一般都有朝前标记,如图 2-53a 所示,安装连杆时,此标记应朝向发动机前端。图 2-53b 所示为沃尔沃 D6E 发动机的活塞连杆,其连杆用其大端结合面的定位销作为朝向标记,安装活塞连杆时,定位销应和活塞顶上的朝向标记在同一个方向,共同指向飞轮侧。

连杆大头与曲轴的连杆轴颈连接。为便于安装,连杆大头一般做成剖分式,被分开的部分叫作连杆盖,用连杆螺栓紧固在连杆大头上。连杆盖与连杆大头是组合加工的,为防止装配时配对错误,在同一侧刻有配对记号,如图 2-54 所示。

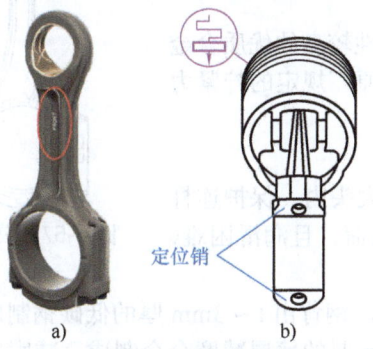

图 2-53 朝前标记

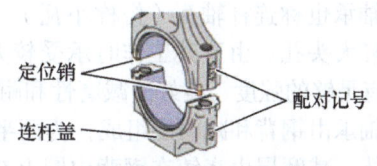

图 2-54 配对记号

连杆大头按剖分面的方向可分为平切口和斜切口两种。平切口如图 2-55a 所示,切口的剖分面垂直于连杆轴线。一般连杆大头尺寸小于气缸直径时,多采用平切口。斜切口连杆大头如图 2-55b 所示。因为某些发动机连杆大头直径较大,为了拆装时能从气缸内通过,采用了这种形式。剖分面与杆身中心线一般成 30°～60°(常用 45°)夹角,多用于柴油机。

连杆大头剖分面一般会加工一些定位结构,这样可以减轻连杆螺栓的受力,保证连杆大头内孔的正确形状。常见的切口定位方式有以下几种:

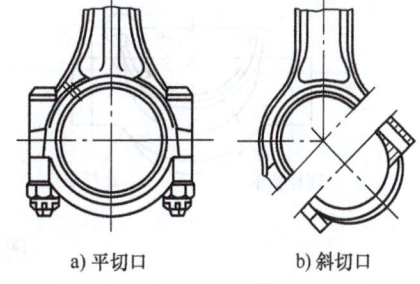

图 2-55 连杆大头的剖分形式

锯齿形定位如图 2-56a 所示,依靠结合面的齿形定位。这种定位方式的优点是贴合紧密,定位可靠,结构紧凑。

套或销定位如图 2-56b、c 所示,依靠套或销与连杆体(或盖)的孔紧密配合定位。这种形式能多向定位,定位可靠。

止口定位如图 2-56d 所示,这种形式工艺简单。

连杆螺栓定位。采用连杆螺栓定位的连杆大头与连杆盖剖分面没有加工特殊定位结构，它依靠连杆螺栓上的精加工圆柱凸台的光圆柱面部分与经过精加工的螺栓孔来保证定位。这种定位方式精度较差，一般用于不受横向力的平切口连杆，斜切口一般不采用。

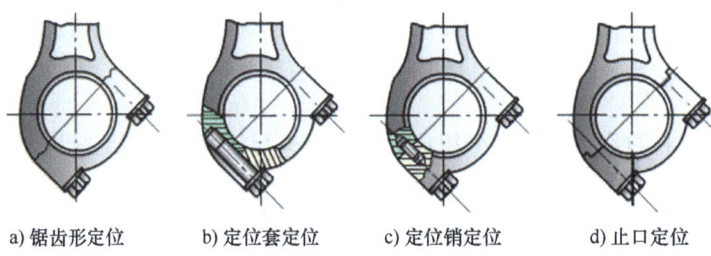

图 2-56 连杆大头的切口定位方式

a) 锯齿形定位　　b) 定位套定位　　c) 定位销定位　　d) 止口定位

有些发动机在连杆大头与杆身连接处，面对气缸主承压面（面对发动机的左侧）的一侧，钻一喷油孔（直径 1.0~1.5mm），如图 2-57 所示。当曲轴转至曲柄销的油道口与该喷油孔相对的瞬间（活塞处于上止点附近时），喷出机油，以润滑气缸壁的承压面。喷油孔正好在上止点附近时连通，这样机油可以喷射到气缸的大部分表面上。

2. 连杆螺栓

连杆螺栓经常承受交变载荷的作用，一般采用韧性较高的优质合金钢或优质碳素钢锻制成型。拆装时，连杆螺栓必须以原厂规定的拧紧力矩，分 2~3 次均匀地拧紧。

3. 连杆轴承

连杆轴承也称连杆轴瓦（俗称小瓦），装在连杆大头内，保护连杆轴颈和连杆大头孔。由于其工作时承受较大的交变载荷，且润滑困难，要求它具有足够的强度、良好的减磨性和耐腐蚀性。

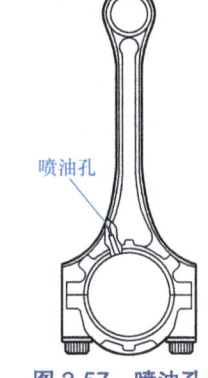

图 2-57 喷油孔

连杆轴承由钢背和减磨层组成，为两半分开形式。钢背由 1~3mm 厚的低碳钢制成，是轴承的基体，减磨层由浇铸在钢背内圆上 0.3~0.7mm 厚的薄层减磨合金制成，减磨合金具有保持油膜、减少摩擦阻力和易于磨合的作用，目前发动机的轴承减磨合金主要有白合金（巴氏合金）、铜铅合金和铝基合金，如图 2-58 所示。

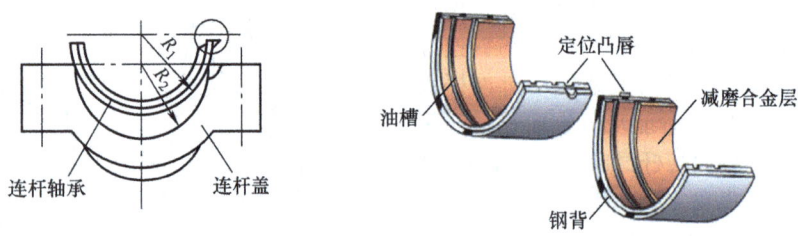

图 2-58 连杆轴承

半个连杆轴承在自由状态下并不是半圆形，即 $R_1>R_2$。当它们装入连杆大头孔内时，又有过盈，故能均匀地紧贴在大头孔壁上及连杆盖上，具有很好的承载和导热能力。在两个连杆轴承的剖分面上，分别冲压出高于钢背面的两个定位凸唇，以防止连杆轴承在工作中发生转动或轴向移动。装配时，这两个凸唇分别嵌入在连杆大头和连杆盖上的相应凹槽中。有的连杆轴承内表面上还加工有油槽，用以储油，保证可靠润滑。

四、曲轴飞轮组的构造

曲轴飞轮组主要由曲轴、飞轮、扭转减振器、带轮、正时齿轮（或链轮）等组成，如

图 2-59 所示。

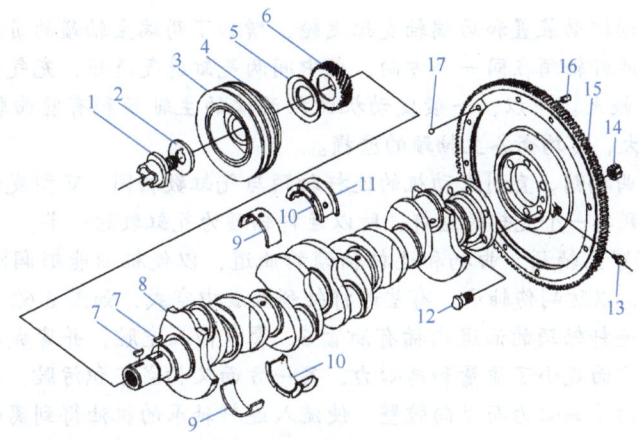

图 2-59　曲轴飞轮组

1—起动爪　2—起动爪锁紧垫圈　3—扭转减振器　4—带轮　5—挡油片　6—正时齿轮　7—半圆键
8—曲轴　9—主轴承上、下瓦　10—中间主轴承上、下瓦　11—止推片　12—螺柱　13—润滑脂嘴
14—螺母　15—飞轮与齿圈　16—离合器盖定位销　17—第一、第六活塞压缩上止点记号

（一）曲轴的构造

曲轴的主要作用是把活塞连杆组传来的气体压力转变为转矩对外输出。另外，曲轴还用来驱动发动机的配气机构及其他各种辅助装置（如发电机、风扇、水泵、转向油泵等）。

> **知识拓展**
>
> 曲轴工作时，曲轴承受气体压力、惯性力及惯性力矩等的作用，受力大而且受力复杂。同时曲轴又是高速旋转件，因此，要求曲轴具有足够的刚度和强度，具有良好的承受冲击载荷的能力，耐磨损且润滑良好。

曲轴有整体式和组合式两种。整体式曲轴如图 2-60 所示，曲轴的基本组成包括前端轴、主轴颈、连杆轴颈、曲柄、平衡重、后端轴等，一个连杆轴颈和它两端的曲柄及主轴颈构成一个曲拐。

1. 主轴颈和连杆轴颈

主轴颈是曲轴的支撑部分，每个连杆轴颈两边都有一个主轴颈者，称为全支撑曲轴，如图 2-61a 所示，它的主轴颈数比连杆轴颈数多一个。主轴颈数等于或少于连杆轴颈数者称为非全支撑曲轴，如图 2-61b 所示。全支撑曲轴因其刚性好且主轴颈的负荷较小，用于柴油机和负荷较大的汽油机。非全支撑曲轴结构简单且长度较短，常用于中小负荷的发动机。

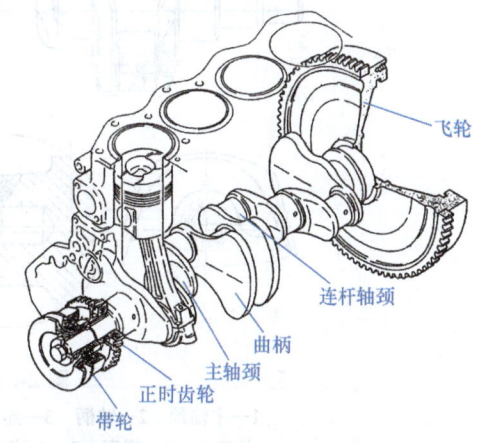

图 2-60　整体式曲轴

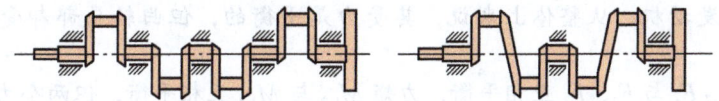

a) 全支撑式　　　　b) 非全支撑式

图 2-61　曲轴的支撑形式示意图

知识拓展

因为前端轴驱动辅助装置和后端轴支撑飞轮，增加了两端主轴颈的负荷。有些曲轴中间一道主轴颈两边的连杆轴颈在同一个方向，或中间两气缸进气道短，充气量大，动力大，使得中间主轴颈负荷较大。所以，一般发动机曲轴两端的主轴颈和有些曲轴的中间主轴颈较长，使接触面积增大，可均衡各主轴颈的磨损。

连杆轴颈又称曲柄销。直列发动机的连杆轴颈与气缸数相同。V型发动机的一个连杆轴颈上，装有左右两列各一个气缸的连杆，所以连杆轴颈为气缸数的一半。

曲轴上钻有贯穿主轴颈、曲柄和连杆轴颈的油道，以使机油能够润滑主轴颈和连杆轴颈。油道口有倒角，以防刮伤轴承。有些连杆轴颈做成中空式，如图2-62所示。空腔的开口用螺塞8封闭，在连杆轴颈的油道内插有油管6，管口伸入空腔，并弯成图示形状。这种中空式连杆轴颈，一方面减小了质量和离心力，另一方面又构成了积污腔，使从主轴承来的机油中的机械杂质，由于离心力而甩向腔壁，使流入连杆轴承的机油得到离心滤清而净化。这种结构的缺点是：在起动初期，有时连杆轴颈不能立即得到润滑，需待机油充满大部分空腔之后，才能获得良好的润滑。有积污腔的曲轴，维修时应清除积污，以保证连杆轴承的润滑。此外，常把连杆轴颈空心部分的中心线稍向外偏移，如图2-62所示，这是为了进一步减小离心力。

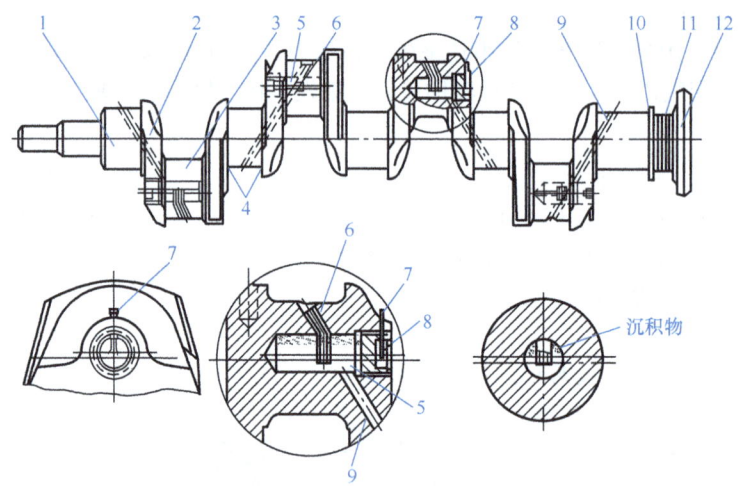

图 2-62 曲轴内的油道

1—主轴颈 2—轴柄 3—连杆轴颈 4—圆角 5—积污腔 6—油管
7—开口销 8—螺塞 9—油道 10—挡油盘 11—回油螺纹 12—凸缘盘

2. 曲柄和平衡重

曲柄是用来连接主轴颈和连杆轴颈的。平衡重的作用是平衡连杆大头、连杆轴颈和曲柄等产生的离心力及其力矩，保证曲轴的动平衡。有时也平衡活塞连杆组的往复惯性力和力矩，以使发动机运转平稳，并且还可减小曲轴轴承的负荷。

知识拓展

直列四缸发动机，从整体上来说，其受力是平衡的，但曲轴局部却受弯矩作用，如图2-63a所示。

惯性力 F_1、F_4 与 F_2、F_3 互相平衡，力矩 M_{1-2} 与 M_{3-4} 互相平衡，但两个力矩会造成曲轴弯曲并加重曲轴的负荷。为了减轻主轴承的负荷，改善其工作条件，一般都在曲柄的相反方向上设置平衡重，使其产生的力矩与上述惯性力矩相平衡，如图2-63b所示。

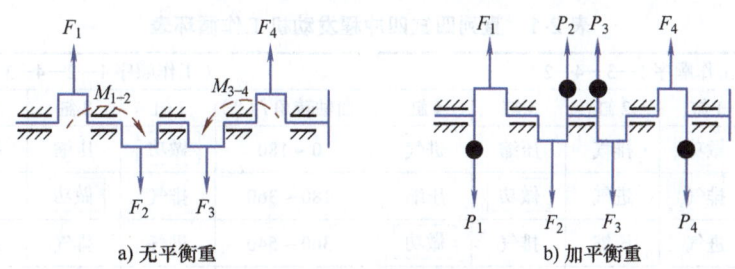

a) 无平衡重　　　　　　　　　b) 加平衡重

图 2-63　曲轴的平衡

F_1、F_2、F_3、F_4—曲拐和活塞连杆组的惯性力　P_1、P_2、P_3、P_4—平衡重的离心力

有的平衡重与曲轴制成一体，有的则单独制成零件，再用螺钉固定于曲柄上，形成装配式平衡重，如图 2-64 所示。

无论有无平衡重，曲轴必须经过动平衡校验，对不平衡的曲轴常在其偏重的一侧钻去一部质量，因此在平衡重外端或曲柄两端处，往往可见到一些深浅不一的钻孔。

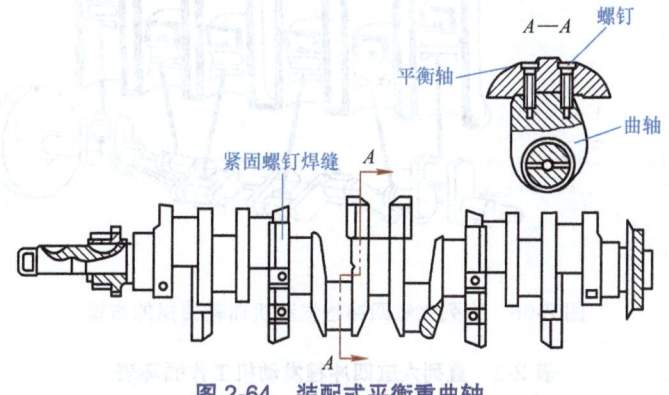

图 2-64　装配式平衡重曲轴

3. 曲拐的布置

多缸发动机曲轴曲拐的布置与气缸数、气缸的排列形式（直列、V 型）、发动机的平衡以及各缸工作顺序有关。下面我们介绍几种常见曲轴的曲拐布置。

1）直列四缸四冲程发动机曲轴曲拐的布置如图 2-65 所示。其曲拐对称布置于同一平面内，相邻做功气缸的曲拐夹角为 720°/4=180°，工作顺序有 1—3—4—2 和 1—2—4—3 两种，在柴油机上前者应用较多，工作循环见表 2-1。

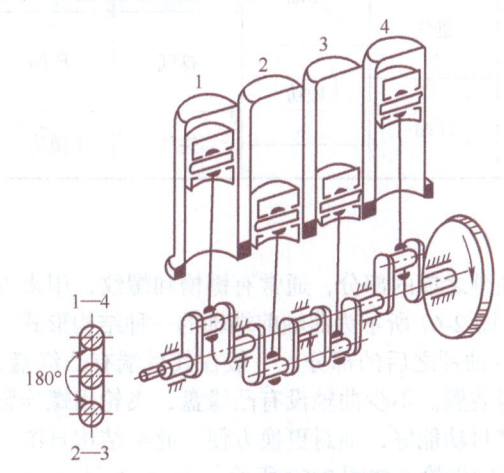

图 2-65　直列四缸四冲程发动机曲轴曲拐的布置

表 2-1　直列四缸四冲程发动机工作循环表

曲轴转角/(°)	（工作顺序 1—3—4—2）				曲轴转角/(°)	（工作顺序 1—2—4—3）			
	1缸	2缸	3缸	4缸		1缸	2缸	3缸	4缸
0~180	做功	排气	压缩	进气	0~180	做功	压缩	排气	进气
180~360	排气	进气	做功	压缩	180~360	排气	做功	进气	压缩
360~540	进气	压缩	排气	做功	360~540	进气	排气	压缩	做功
540~720	压缩	做功	进气	排气	540~720	压缩	进气	做功	排气

2）直列六缸四冲程发动机中应用较广的一种曲轴曲拐布置形式如图 2-66 所示，曲拐均匀地布置在互成 120°的三个平面内，相邻工作两缸的曲拐夹角为 720°/6=120°，工作顺序为 1—5—3—6—2—4 或者 1—4—2—6—3—5，前者应用较多，工作循环见表 2-2。

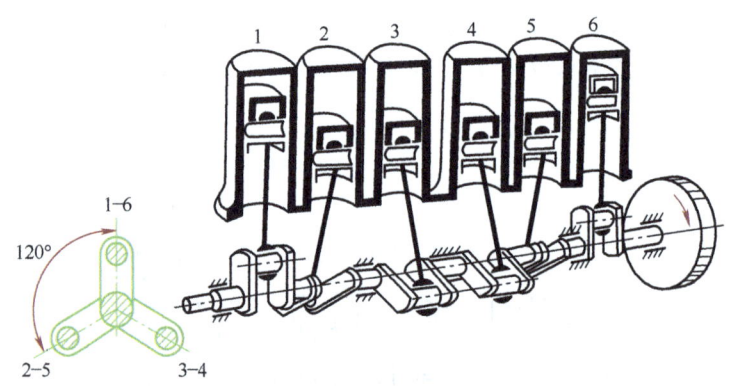

图 2-66　直列六缸四冲程发动机曲轴曲拐的布置

表 2-2　直列六缸四冲程发动机工作循环表

曲轴转角/(°)		1缸	2缸	3缸	4缸	5缸	6缸
0~180	0~60	做功	排气	压缩	排气	压缩	进气
	60~120						
	120~180						
180~360	180~240	排气	进气	做功	进气	做功	压缩
	240~300						
	300~360						
360~540	360~420	进气	压缩	排气	排气	排气	做功
	420~480						
	480~540				压缩	进气	
540~720	540~600	压缩	做功	进气	做功	进气	排气
	600~660						
	660~720						

4. 前端轴与后端轴

（1）结构

前端轴是第一道主轴颈之前的部分，通常有键槽和螺纹，用来安装正时齿轮、带轮以及起动爪、扭转减振器等。图 2-67 所示为曲轴前端轴的一种结构形式。

后端轴是最后一道主轴颈之后的部分，一般在其后端有凸缘盘，用以安装飞轮。另外，轴颈上通常还有一些防漏装置。不少曲轴没有凸缘盘，飞轮用螺栓紧固于曲轴后端面，整体式自紧油封装于后端，密封功能好，油封更换方便，此类结构日渐广泛使用，有的发动机曲轴还在该段装有信号发生器齿轮，如图 2-68 所示。

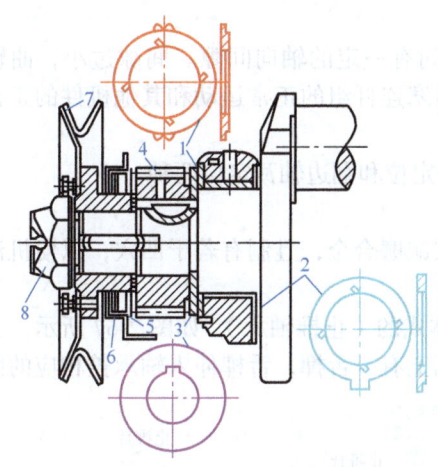

图 2-67　曲轴前端轴

1、2—滑动止推轴承　3—止推环　4—正时齿轮
5—甩油盘　6—自紧油封　7—带轮　8—起动爪

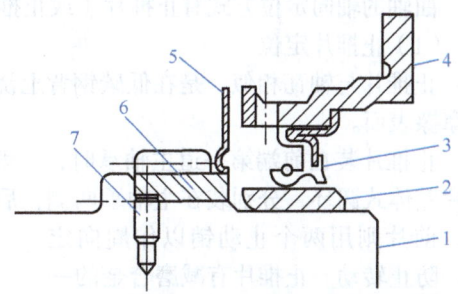

图 2-68　装整体式自紧油封的曲轴后端轴

1—曲轴　2—衬套　3—自紧油封　4—油封护圈
5—甩油盘　6—信号发生器齿轮　7—定位销

（2）前后端的密封

曲轴前后端都伸出曲轴箱，为了防止机油沿轴颈流出，在曲轴前后都设有防漏装置。常用的防漏装有挡油盘、填料油封、自紧油封、回油螺纹等。一般发动机都采用两种或两种以上防漏装置组成所谓复合式防漏结构。但一般都有起主要防漏作用的挡油盘。

图 2-67 所示是曲轴前端的一种复合式密封结构，带轮内端装有甩油盘，正时齿轮室盖上装有自紧油封。其防漏过程是：当飞溅的机油落在甩油盘上时，由于盘随曲轴高速旋转产生离心力，使油甩到正时齿轮室内，流回油底壳。剩下少量机油落在甩油盘与油封之间的轴颈上，被自紧油封所密封，从而达到防漏的目的。

图 2-69 所示是曲轴后端的复合密封结构，由与曲轴制成一体的甩油盘、回油螺纹、扣合式填料油封（优质石棉盘根）组成。其防漏过程是：从主轴缝隙中流向后端的机油主要被甩油盘甩入轴承座孔后面的凹槽内，并经轴承盖上的回油孔流回油底壳，少量机油流至回油螺纹区，被回油螺纹返回到甩油盘而甩回油底壳，再有少量机油流至回油螺纹以外，便由填料油封所密封，从而起到了防漏作用。

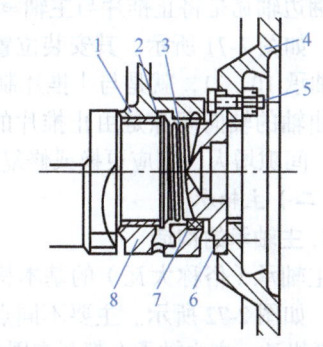

图 2-69　曲轴后端复合密封结构

1—轴承座（曲轴箱体）　2—甩油盘
3—回油螺纹　4—飞轮　5—飞轮螺栓、螺母
6—曲轴凸缘盘　7—扣合式填料油封　8—轴承盖

:::知识拓展

曲轴上的回油螺纹是车制的矩形或梯形右旋螺纹。其回油原理是：当机油流至回油螺纹区的轴与孔之间的缝隙时，由于孔壁对油的粘附作用，使油层的转速低于轴的转速，这时可相对地将机油看作套在螺纹上不旋转的螺母。由于轴作顺时针旋转（从前向后看），油层就被向前旋回油底壳。使用回油螺纹防漏，孔和轴的配合间隙不能过大，其同轴度的要求也较高。因为热车时机油黏度降低，如果间隙过大，靠近孔壁的一层机油不能随曲轴转回，使密封效能降低。

无论是前端还是后端，自紧油封应使刃口朝向曲轴箱内，才能发挥其密封作用。挡油盘应使其凹面朝外，如前端的凹面应朝前，一方面防止其外沿碰撞正时齿轮，更重要的是为了遮盖轴颈，减小油封的负荷。

5. 曲轴的轴向定位

曲轴作为长杆形转动件，必须与其固定件之间有一定的轴向间隙。间隙过小，曲轴转动阻力大。间隙过大，曲轴发生轴向窜动而影响活塞连杆组的正常运动和其他机件的正常工作，因此曲轴必须有轴向定位装置。

曲轴的轴向定位方式有止推片（或止推轴承）定位和翻边轴瓦定位两种。

（1）止推片定位

止推片与轴瓦相似，是在低碳钢背上浇铸一层减磨合金，且制有若干凹穴，以便机油进入摩擦表面。

止推片装在前端第一道主轴承时，一般是整体式的（止推轴承），如图2-67所示，它是两片整体式圆环，分别装在主轴承两侧，后片外圆上有一舌榫，舌榫伸入轴承盖相应的凹槽内，前片则用两个止动销以作周向定位，防止转动。止推片有减磨合金的一面应朝向转动件的曲轴及正时齿轮。

当曲轴向前窜动时，后止推片承受轴向推力。曲轴向后窜动时，前止推片承受轴向推力。当止推片装在中间某道主轴承上时，一般采用分开式的止推片或翻边轴瓦。分开式止推片即将止退圈做成两个半圆止推片，如图2-70所示。

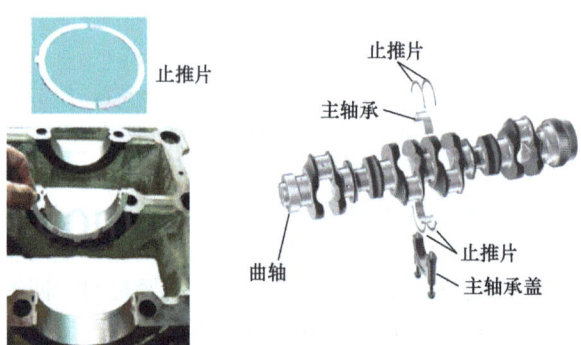

（2）翻边轴瓦定位

翻边轴瓦是将止推片与主轴承制成一体，如图2-71所示。其安装位置如图2-59所示，装在中间第四道的主轴承10、11，就是与止推片制成一体的翻边轴瓦。

曲轴的轴向间隙是由止推片的厚度来调整的，在使用中，垫片磨薄，间隙增大，则应更换或修复止推片。

图2-70 分开式止推片

（二）主轴承

1. 主轴承的构造

主轴承（俗称大瓦）的基本构造与连杆轴承大体相同，如图2-72所示。主要不同点是：为了向连杆轴承输送机油，在主轴承上都开有周向油槽和主油孔。有些负荷不太大的发动机，为了通用化起见，上下两片轴承都制有油槽。有些发动机只在上轴承开油槽式通油孔。负荷较重的下轴承不开油槽，相应的主轴颈上开径向通孔。这样，主轴承便能不间断地向连杆轴承供给机油。但应注意，后一种主轴承上下片不能互换，否则主轴承的来油通路将被堵塞。

图2-71 翻边轴瓦

图2-72 曲轴主轴承

2. 曲轴轴承间隙的检查

曲轴轴承间隙是指曲轴的径向和轴向间隙。这两种间隙都是为了适应发动机在运转中机件受热膨胀的需要而规定的。曲轴轴承间隙的检查包括曲轴主轴承径向间隙、轴向间隙检查和曲轴连杆轴承径向间隙检查。

（1）曲轴主轴承的径向间隙检查

轴承与轴颈之间的间隙称为轴承的径向间隙。检查的方法有以下几种。

方法一：将轴承盖螺栓按规定顺序及力矩拧紧后，用适当的力矩（四道轴承的用30～40N·m，七道轴承的用60～70N·m）转动曲轴，以试其松紧度；或用双手扭动曲轴臂使曲轴转动，试其松紧，这是最简单的方法，但须有一定的经验。

方法二：用内径千分尺和外径千分尺分别测量轴颈的外径和轴承的内径，测得的这两个尺寸之差，就是它们之间的间隙。沃尔沃 D6E 发动机曲轴径向间隙的检查过程如下：

① 在点 1 和点 2 用外径千分尺测量主轴颈在平面 a 和平面 b 的外径，其正常值应该在 83.98～84.00mm（小号 83.73～83.75mm）之间，测量方法如图 2-73a 所示。

② 把主轴瓦安装到主轴承盖中，把主轴承盖按标准力矩安装好。如图 2-73b 所示，在点 1 和点 2 用内径百分表测量主轴承在平面 a 和平面 b 的内径，其正常范围值为 83.98～84.00mm。

③ 计算主轴承与主轴颈的配合间隙。用测得的最大主轴承的内径减去测得的最小主轴颈的外径，得到主轴承与主轴颈的最大配合间隙，其正常范围为 0.03～0.092mm。

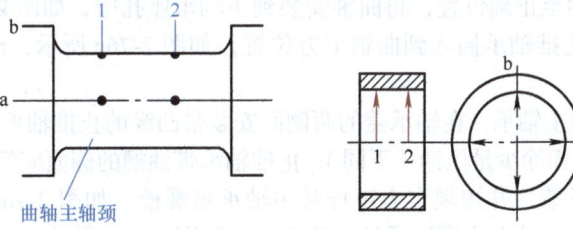

a) 测量曲轴主轴颈外径　　b) 测量曲轴主轴承内径

图 2-73　测量曲轴主轴颈径向间隙

方法三：用塑胶量规测量检查。如图 2-74 所示，剪取与轴承宽度相同的塑胶量规，与轴颈平行放置，盖上轴承盖并按规定力矩拧紧螺栓（注意不要转动曲轴）。然后拆下轴承盖，取出已压展的塑料线规，与附带的不同宽度色标的量规的刻线相对比，即为轴承的间隙值。如果其值不在规定的范围，就要更换轴承。

（2）曲轴主轴承的轴向间隙检查

曲轴轴承的轴向间隙是指轴承承推端面与轴颈定位肩之间的间隙。间隙过小，会在机件受膨胀时卡滞。间隙过大，曲轴前后窜动，则给活塞连杆组的机件带来不正常的磨损。所以，在装配曲轴时，应进行曲轴轴向各间隙的检查，检查的方法有以下两种。

方法一：如图 2-75 所示。

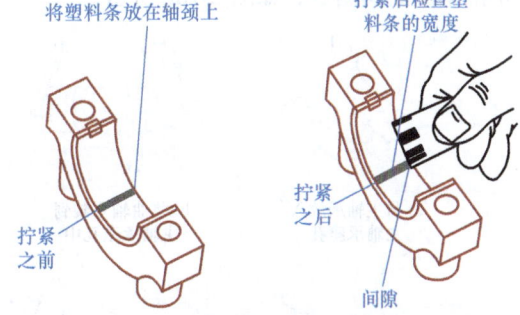

图 2-74　塑胶量规测量曲轴主轴颈径向间隙

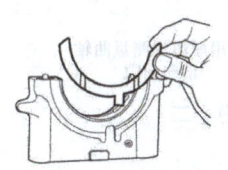 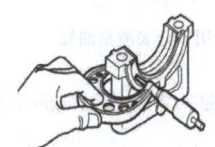 

a) 将止推轴承安装到轴承盖两侧　　b) 测量轴承盖的整体宽度　　c) 测量曲轴主轴颈的宽度

图 2-75　曲轴主轴承轴向间隙的检测（一）

① 擦拭干净轴承盖及两侧止推轴承，然后将两个带有凸缘的止推轴承安装到轴承盖两侧，如图 2-75a 所示。

② 用外径千分尺测量其整体宽度，如图 2-75b 所示。

③ 用内径百分表量取对应曲轴轴承主轴颈的宽度，如图 2-75c 所示。

④ 然后用曲轴主轴颈的宽度减去测量的轴承盖与止推轴承的整体宽度就可得出轴承的轴向间隙。

不同厂家不同型号的发动机曲轴轴向间隙值不同,如沃尔沃 D6E 型发动机的曲轴轴向间隙为 0.1~0.28mm。如果轴向间隙过大或过小,则应更换止推轴承,如沃尔沃 D6E 的发动机配备的有标准止推轴承(厚度 2.0~2.05mm)和加厚止推轴承(厚度 2.20~2.25mm),若采用标准止推轴承,曲轴轴向间隙过大,则可更换为加厚止推轴承。

方法二:如图 2-76 所示。

① 将曲轴安装到发动机上,步骤如下:

a. 将主轴承座孔、主轴承盖、主轴承、止推轴承擦拭干净。

b. 将曲轴主轴承安装到主轴承座孔中,如图 2-76a 所示,安装前应在主轴承内侧涂少量机油。

c. 用吊带将曲轴调至正确位置,将曲轴安装到主轴承座孔中,如图 2-76b 所示。

d. 将没有凸缘的止推轴承插入到曲轴下方位置,如图 2-76c 所示,注意带油槽的侧面应朝向曲柄侧。

e. 在轴承盖内安装主轴承,在轴承盖的两侧面安装带凸缘的止推轴承,注意安装前应在主轴承及止推轴承的工作面涂少量机油(下同),止推轴承带油槽的侧面应朝向外侧。

f. 按顺序安装轴承盖,并按规定力矩拧紧主轴承盖螺栓,如图 2-76d 所示。安装时应注意轴承盖上止推轴承与曲轴上止推轴承的正确匹配,如图 2-76e 所示。

② 将带有磁力表座的百分表固定在气缸体上,调整表架使百分表测量杆与曲轴轴向方向平行,用撬棒左右撬动曲轴,百分表的最大摆差即曲轴轴向间隙,如图 2-76f 所示。

③ 安装好曲轴后,也可采用厚薄规测量曲轴主轴承的轴向间隙。先将曲轴定位轴肩向轴承的承推端面的一边靠合,用撬棒将曲轴挤向后端,然后用厚薄规片在曲轴臂与止推轴承或止推垫圈之间测量,如图 2-76g 所示。

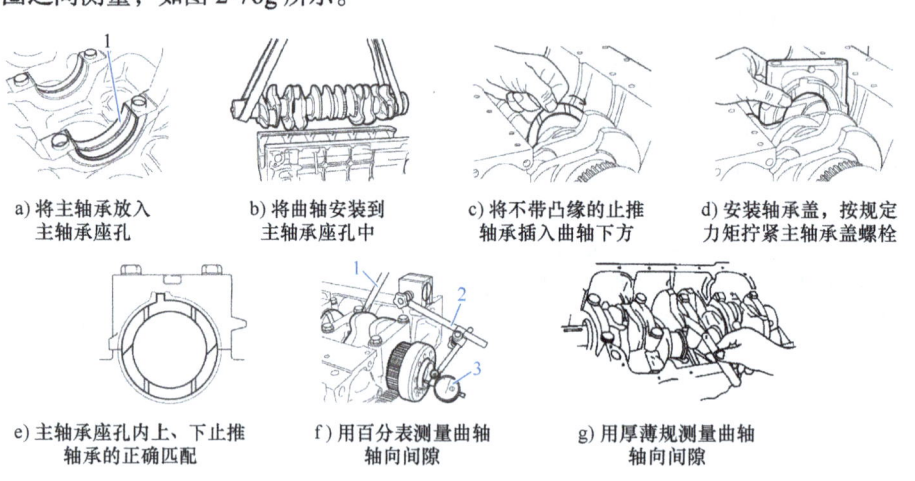

a) 将主轴承放入主轴承座孔　　b) 将曲轴安装到主轴承座孔中　　c) 将不带凸缘的止推轴承插入曲轴下方　　d) 安装轴承盖,按规定力矩拧紧主轴承盖螺栓

e) 主轴承座孔内上、下止推轴承的正确匹配　　f) 用百分表测量曲轴轴向间隙　　g) 用厚薄规测量曲轴轴向间隙

图 2-76　曲轴主轴承轴向间隙的检测(二)

(3) 曲轴连杆轴承径向间隙的检查

用内径千分尺和外径千分尺分别测量连杆轴颈的外径和连杆轴承的内径,测得的这两个尺寸之差,就是它们之间的间隙。沃尔沃 D6E 发动机曲轴连杆轴承径向间隙的检查过程如下:

① 在点 1 和点 2 用外径千分尺测量连杆轴颈在平面 a 和平面 b 的外径,其正常值为 70.026~70.065mm(小号 69.775~69.815mm)之间,测量方法如图 2-77a 所示。

② 把连杆轴瓦安装到连杆大头中,安装连杆盖,用规定力矩拧紧连杆螺栓。按照图 2-77b 所示在点 1 和点 2 用内径百分表测量主轴承在平面 a 和平面 b 的内径,其正常值为 70.026~70.065mm(小号 69.775~69.815mm)。

③ 计算连杆轴承与连杆轴颈的配合间隙。用测得的最大连杆轴承的内径减去测得的最小连杆轴颈的外径，得到连杆轴承与连杆轴颈的最大配合间隙，其正常值为 0.036～0.095mm。

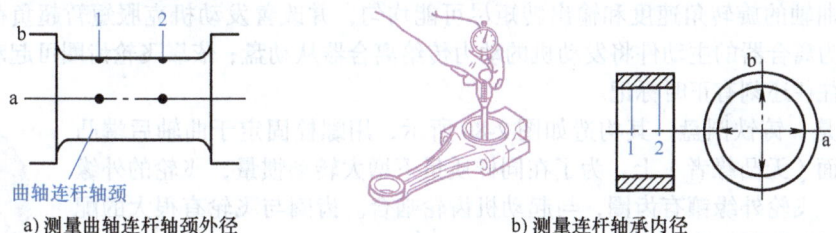

a) 测量曲轴连杆轴颈外径　　　　　　　　b) 测量连杆轴承内径

图 2-77　连杆轴承径向间隙测量

（三）扭转减振器的构造

1. 扭转减振器的功用

扭转减振器的功用是吸收曲轴扭转振动的能量，消减扭转振动。

 知识拓展

发动机高速运转时，由于飞轮的惯性很大，可以认为是等速运转。而各缸气体压力和往复运动件的惯性力是周期变化地作用在曲轴连杆轴颈上，给曲轴一个周期变化的扭转外力，使曲轴发生忽快忽慢的转动。于是可把飞轮看作相对静止件，曲轴的飞轮端看作固定端，另一端看作自由端，在上述周期变化的外力作用下，曲轴相对飞轮发生强迫扭转振动。同时，由于曲轴的弹性及曲柄、平衡重、活塞连杆组等运动件质量的惯性，曲轴要发生自由扭转振动。曲轴上的这两种振动会发生共振，从而引起功率损失、曲轴扭转变形甚至扭断以及正时齿轮产生冲击噪声等不良现象。

2. 扭转减振器的类型和工作原理

常用的扭转减振器有干摩擦式、橡胶式、黏液式（硅油）及橡胶—黏液式等。

1）图 2-78 所示为一种橡胶式扭转减振器。减振器壳、带轮和轮毂用螺栓紧固在一起，橡胶层与减振器壳及惯性盘硫化在一起。当曲轴发生扭转振动时，力图保持等速转动的惯性盘与橡胶层发生了内摩擦，从而消耗了扭转振动的能量，消减了扭振。

2）图 2-79 所示为硅油式扭转减振器，由钢板冲压而成的减振器壳体与曲轴连接。侧盖与减振器壳体组成密封腔，其中嵌套着扭转振动惯性质量。惯性质量与密封腔之间留有一定的间隙，里面充满高黏度硅油，当发动机动作时，减振器壳体与曲轴一起旋转、一起振动，惯性质量则被硅油的黏性摩擦阻尼和衬套的摩擦力所带动。由于惯性质量相当大，因此它近似做匀速转动，于是在惯性质量与减振器壳体间产生相对运动。曲轴的振动能量被硅油的内摩擦阻尼吸收，使扭振消除或减轻。

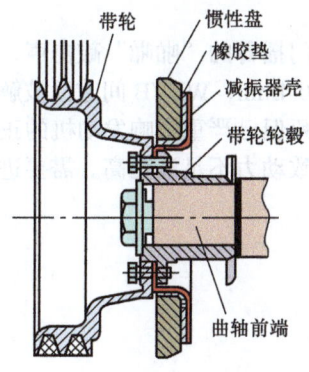

图 2-78　橡胶式扭转减振器

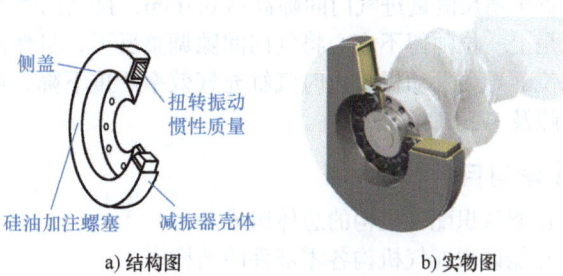

a) 结构图　　　b) 实物图

图 2-79　硅油式扭转减振器

（四）飞轮的构造

飞轮的主要功用是储存做功行程的能量，用以在其他行程中克服阻力完成发动机的工作循环，使曲轴的旋转角速度和输出转矩尽可能均匀，并改善发动机克服短暂超负荷的能力。同时，作为离合器的主动件将发动机的动力传给离合器从动盘；依靠飞轮齿圈可起动发动机；飞轮端面往往还刻有正时标记。

飞轮是一铸铁圆盘，其构造如图 2-80 所示，用螺栓固定于曲轴后端凸缘或后端面（无凸缘者）上。为了在同样质量下增大转动惯量，飞轮的外缘做得较厚。飞轮外缘镶有齿圈，与起动机齿轮啮合。齿圈与飞轮有很大的配合过盈，是将齿圈加热进行镶配的。

飞轮上有第一缸上止点记号（有的刻在前端传动带盘上），不少刻有供油提前角刻度线，以便调整和检验供油提前角和气门间隙。

图 2-80　飞轮

图 2-81 所示为一种柴油发动机飞轮上的刻记，在飞轮外缘上刻有一缸上止点记号和供油提前角刻度线。当飞轮上的刻度线 0 与窗口凸缘的边缘对正时，一缸活塞正处于上止点位置，当飞轮上的刻度线 15 对正边缘时，为一缸开始供油的位置。图 2-82 所示为一缸上止点记号刻在前端传动带盘上的发动机，在发动机体上固定一刻度盘，当带轮上的一缸上止点记号与刻度盘上的 0 刻度线对齐时，一缸活塞正处于上止点位置。

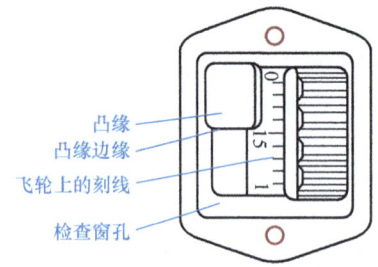

图 2-81　柴油发动机飞轮上的刻记

图 2-82　刻在前端传动带盘上一缸上止点记号

由于飞轮与曲轴装配后进行过动平衡校验以及飞轮上有确定上述位置的标记，为避免装错影响动平衡和造成上述记号错乱，飞轮和曲轴的装配都有周向定位装置，如固定螺孔采用不对称布置、两种不同直径的固定螺栓或定位销等。

子任务 2　配气机构的安装

【情境描述】

客户反映某重型货车近期动力逐渐下降，油耗递增。到服务站检修保养，更换三滤后故障现象无任何好转。组合仪表综合平均油耗显示 35L/100km，急速瞬时油耗 1.25L/h，比同车型其他车辆高出许多！

用专用听诊器在气缸盖处听诊，可以清晰地听到各缸气门摇臂的"啪啪"敲击声，打开摇臂罩用塞尺测量进气门间隙高达 0.7mm，排气门间隙不足 0.4mm，WEVB 间隙已被解除！可能是上一位师傅不小心将气门间隙调整反了，虽然没有顶死但已严重影响发动机的正常配气相位，导致发动机高速时气缸充气效率严重下降，最终导致动力不足油耗高。需要进行气门间隙及 WEVB 间隙调整。

【学习目标】

1. 能认识配气机构的总体组成。
2. 能认识配气机构各零部件的结构。
3. 能使用通用和专用工具装配柴油机配气机构。

【任务分组】

班级		组号		指导教师	
组长		组员			
任务分工					

【获取信息】

引导问题1：凸轮轴的结构

引导问题2：正时齿轮的作用、安装位置及结构

引导问题3：气门组的组装步骤

第1步：

第2步：

第3步：

引导问题4：气门传动组零件的安装步骤

第1步：

第2步：

第3步：

引导问题5：气门间隙的检查与调整步骤

第1步：

第2步：

第3步：

【工作实施】

引导问题6：装配潍柴 WP10 柴油机的配气机构

第1步：

第2步：

第3步：

第4步：

第5步：

第6步：

第7步：

引导问题7：检查调整 WP10 柴油机的气门间隙、配气相位

第1步：

第2步：

第3步：

第4步：

第5步：

第6步：

第7步：

【相关知识】配气机构的构造

一、配气机构的组成和配气相位

（一）配气机构的组成

1. 配气机构的作用

配气机构（图2-83）的功用是按照发动机工作循环的要求，定时开启和关闭气缸的进、排气门，使新鲜空气得以及时进入气缸，燃烧完的废气得以及时从气缸排出。

图2-83　配气机构

知识拓展

配气机构要有利于减少进气和排气阻力，而且进、排气门的开启时刻和适当的持续开启时间，使进气和排气都尽可能充分，以得到较大的功率和较好的排放性能。

2. 组成及类型

配气机构由气门组件和气门传动组两部分组成，如图2-84所示。气门组由气门、气门弹簧、气门弹簧座、气门锁片、气门导管、气门座等组成；气门传动组由凸轮轴正时齿轮、凸轮轴、气门挺柱、推杆、摇臂轴支架、摇臂轴、调整螺钉及锁紧螺母、摇臂等组成。

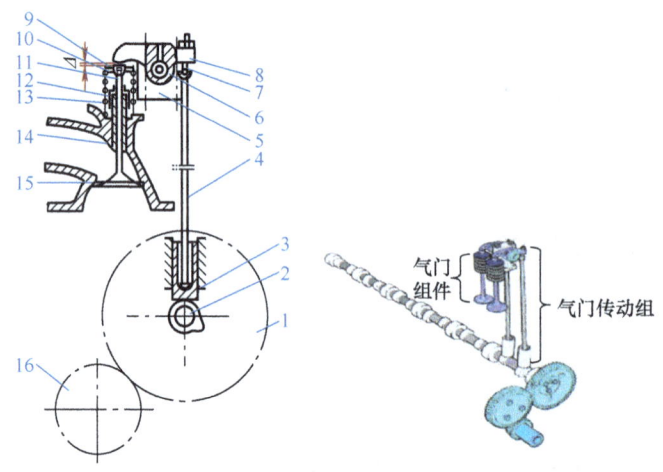

图2-84　配气机构的组成

1—凸轮轴正时齿轮　2—凸轮轴　3—气门挺柱　4—推杆　5—摇臂轴支架　6—摇臂轴　7—调整螺钉及锁紧螺母　8—摇臂　9—气门锁片　10—气门弹簧座　11—气门　12—防油罩　13—气门弹簧　14—气门导管　15—气门座　16—曲轴正时齿轮　⊿—气门间隙

配气机构按凸轮轴位置可分为凸轮轴下置式、凸轮轴中置式及凸轮上置式三种。凸轮轴下置式配气机构如图2-85a所示，凸轮轴位于气缸体的下部。凸轮轴装在曲轴箱内，而摇臂轴装在气缸盖上，推杆较长。凸轮轴距曲轴较近，两者之间采用正时齿轮传动。凸轮轴中置式配气机构如图2-85b所示，凸轮轴位于气缸体的上部。推杆较短，也可省去推杆，由挺柱直接驱动摇臂，运动惯性小。凸轮轴上置式配气机构如图2-85c所示，凸轮轴布置在气缸盖上，直接通过摇臂来驱动气门，使往复运动质量大大减小，适于高转速发动机。

配气机构按每缸的气门数量可分为双气门式（图2-84）和四气门式（图2-86）。

a) 凸轮轴下置式　b) 凸轮轴中置式　c) 凸轮轴上置式

图2-85　配气机构的类型

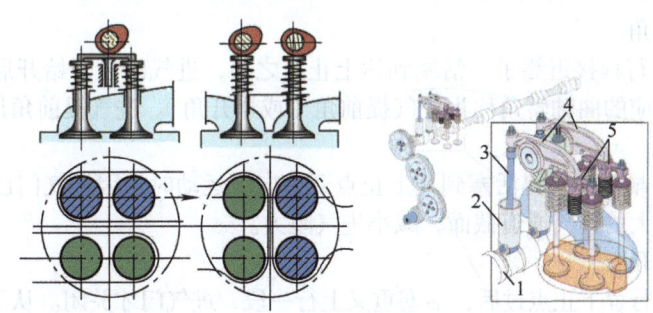

图 2-86　四气门机构

1—凸轮轴　2—挺柱　3—推杆　4—摇臂　5—气门

3. 配气机构的工作原理

以凸轮轴下置式配气机构为例介绍配气机构的工作过程。气门打开，如图 2-87a 所示，凸轮凸起部分转过来，凸轮通过挺柱、推杆、气门间隙调整螺钉推动摇臂，摇臂改变力的方向后克服气门弹簧推动气门向下，气门打开。气门关闭，如图 2-87b 所示，凸轮凸起部分转过去，摇臂给气门向下的推力消失，气门在气门弹簧的作用下向上回位，气门关闭。

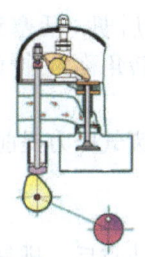 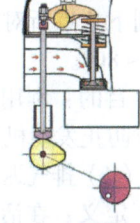

a) 气门打开　　　　b) 气门关闭

图 2-87　配气机构工作原理

4. 配气机构的驱动方式

按曲轴和凸轮轴的传动方式可分为：齿轮传动和链条传动及正时带传动，如图 2-88 所示。

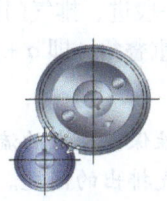 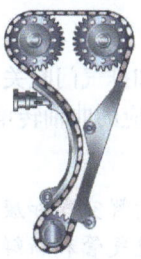 

a) 齿轮传动　　　　b) 链条传动　　　　c) 正时带传动

图 2-88　配气机构的驱动方式

（二）配气相位

在讲述四冲程发动机工作原理时，把进、排气过程都看作是在活塞的一个行程内，曲轴转角在 180° 内完成的，即气门开关时刻是在活塞的上下止点处。但工作实际情况并非如此。由于发动机转速很高，一个行程的工作时间极短，再加上配气机构凸轮驱动气门开启需要一个过程，气门全开的时间就更短了，这样短的时间难以做到进气充分、排气彻底。为了改善换气过程，实际发动机的气门开启和关闭并不恰好在活塞的上下止点，而是适当的提前和迟后，以延长进、排气时间，提高发动机性能。

1. 配气相位

用曲轴转角表示的进、排气门的实际开闭时刻和开启持续时间称为配气相位。表示进、排气门的实际开闭时刻的曲轴转角环形图称为配气相位图，如图 2-89 所示。

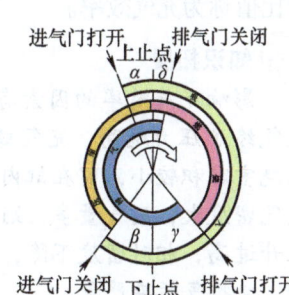

图 2-89　配气相位图

α—进气提前角　β—进气迟后角
γ—排气提前角　δ—排气迟后角

(1) 进气提前角

定义：在排气行程接近终了，活塞到达上止点之前，进气门便开始开启。从进气门开始开启到上止点所对应的曲轴转角称为进气提前角（或早开角）。进气提前角用 α 表示，α 一般为 $10°\sim 30°$。

目的：进气门早开，使得活塞到达上止点开始向下运动时，因进气门已有一定开度，所以可较快地获得较大的进气通道截面，减小进气阻力。

(2) 进气迟后角

定义：在进气行程下止点过后，活塞重又上行一段，进气门才关闭。从下止点到进气门关闭所对应的曲轴转角称为进气迟后角（或晚关角）。进气迟后角用 β 表示，β 一般为 $40°\sim 80°$。

目的：一方面利用压力差继续进气；另一方面利用进气惯性继续进气。

(3) 排气提前角

定义：在做功行程的后期，活塞到达下止点前，排气门便开始开启。从排气门开始开启到下止点所对应的曲轴转角称为排气提前角（或早开角）。排气提前角用 γ 表示，γ 一般为 $40°\sim 80°$。

目的：利用气缸内的废气压力提前自由排气；减少排气消耗的功率；高温废气的早排还可以防止发动机过热。

(4) 排气迟后角

定义：在活塞越过上止点后，排气门才关闭。从上止点到排气门关闭所对应的曲轴转角称为排气迟后角（或晚关角）。排气迟后角用 δ 表示，δ 一般为 $10°\sim 30°$。

目的：利用缸内外压力差继续排气；利用惯性继续排气。

由此可见，气门开启持续时间内的曲轴转角，即排气持续角为 $\gamma+180°+\delta$，进气持续角为 $\alpha+180°+\beta$。

2. 气门重叠角

如图 2-89 所示，由于进气门早开和排气门晚关，出现了一段进、排气门同时开启的现象，称为气门重叠。进排气门同时开启所对应的曲轴转角称为气门重叠角，即 $\alpha+\beta$。

> **知识拓展**
>
> 由于气门重叠角的开度很小，且新鲜空气和废气流的惯性保持原来的流动方向，所以适当的气门重叠角不会产生废气倒排回进气管和新鲜气体随废气排出的问题。相反，由于废气气流周围有一定真空度，从进气门进入的少量新鲜气体可对此真空度加以填补，有助于废气的排出。

3. 充气效率

每个循环实际进入气缸内的新鲜空气量与在进气状态下充满气缸工作容积的新鲜充气量的比值称为充气效率。

> **知识拓展**
>
> 影响充气效率的因素有进气终了压力、进气终了温度、压缩比、残余废气压力和温度。进气终了压力越高，充气效率越好；进气终了温度越高、充气效率越差；压缩比增大，则燃烧室容积较小，留在缸内的残余废气相对减少，充气效率提高。残余废气压力越高，残余废气密度大，废气量多，则新鲜充量减少，充气效率下降；残余废气温度越高，使新鲜充量温升过高，相对密度下降，也使充气量减少，而且还将影响混合气质量，破坏正常的燃烧过程，使排气污染严重。

二、气门组零件的构造

气门组由气门、气门油封、气门弹簧、气门弹簧座等组成，如图 2-90 所示。

（一）气门的构造

组成：气门由头部、杆身和尾部组成，如图2-91所示。

作用：头部用来密封气缸的进、排气通道；杆部用来为气门的运动导向。

工作条件：承受气体高温、高压作用，承受气门落座的冲击及润滑困难。

气门头部，如图2-92所示，用来封闭气道，是一个具有圆锥斜面的圆盘，通常进气门用30°锥角，增大进气通道面积；排气门用45°锥角，增加气门强度。气门头边缘应保持一定厚度，一般为1~3mm，以防工作中冲击损坏和被高温烧蚀。气门密封锥面与气门座配对研磨。

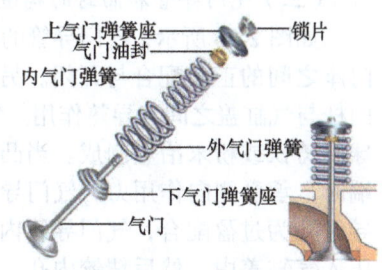

图2-90 气门组的组成

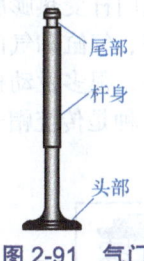

图2-91 气门

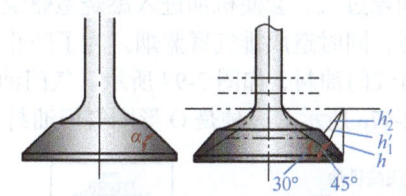

图2-92 气门锥角及其对气门通道截面的影响

气门杆身起导向作用，与气门导管的配合间隙在气门与气门导管间留有0.05~0.12mm的间隙。

气门尾部的形状决定了上气门弹簧座的固定方式。采用剖分成两半且外表面为锥面的气门锁片来固定上气门弹簧座，结构简单，工作可靠，拆装方便，因此得到了广泛的应用。气门锁片内表面有多种形状，相应的气门尾部也有各种不同形状的气门锁夹槽。有些发动机的气门，在杆部锁片槽下面另有一条切槽装一卡环，如图2-93所示，以防气门弹簧折断时气门落入气缸发生捣缸。

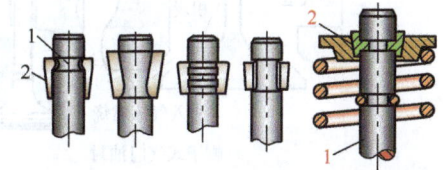

图2-93 气门尾部的形状及固定方式
1—气门杆 2—锁片

（二）气门座的构造

气缸盖的进、排气道与气门锥面相结合的部位称为气门座，它也有相应的锥角。大多数发动机在缸盖上镶气门座圈；其主要优点是提高了使用寿命、耐磨性、便于修理更换；缺点是导热性差，座圈脱落容易造成事故，如图2-94所示。

气门座圈材料：耐热钢、合金铸铁或特种青铜。

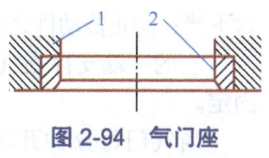

图2-94 气门座
1—气缸盖 2—气门座圈

气门座锥角由三部分组成，如图2-95所示，其中45°或30°锥面为与气门配合的密封锥面，为了使密封更可靠，密封锥面的宽度一般在1~2.5mm。15°和75°锥角是用来修正密封锥面的宽度及上下位置的。

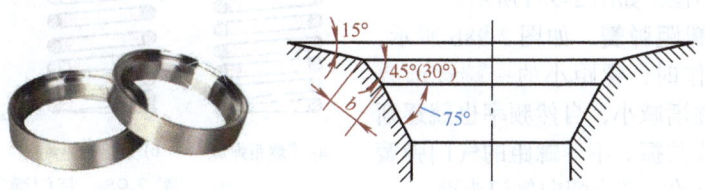

图2-95 气门座圈结构及锥角结构示意图

（三）气门导管和油封的构造

如图 2-96 所示，气门导管的作用是在气门做往复直线运动时进行导向，以保证气门与气门座之间的正确配合与开闭。另外，气门导管还在气门杆与气缸盖之间起导热作用。气门导管多用灰铸铁、球墨铸铁或粉末冶金制成。当凸轮直接作用于气门杆端时，承受侧向作用力。气门导管与气缸盖上的气门导管孔为过盈配合，气门导管内、外圆柱面经加工后压入气缸盖中，然后精铰内孔。为防止气门导管在工作中松落，有的采用卡环定位。

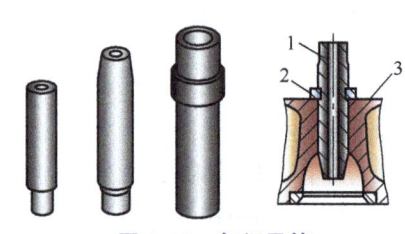

图 2-96 气门导管

1—气门导管 2—卡簧 3—气缸盖

气门与气门导管间留有 0.05～0.12mm 的间隙，使气门能在导管中自由运动，适量配气机构飞溅出来的机油由此间隙对气门杆和气门导管进行润滑。该间隙过小，会导致气门杆受热膨胀与气门导管卡死；间隙过大，会使机油进入燃烧室燃烧，产生积炭，加剧活塞、气缸和气门磨损，增加机油消耗，同时造成排气冒蓝烟。为了防止过多的机油进入燃烧室，很多发动机在气门导管上安装有气门油封，如图 2-97 所示。气门油封有两种结构形式，一种是传统帽子式气门油封，如图 2-97a 所示；一种是 O 形圈气门油封，如图 2-97b 所示。

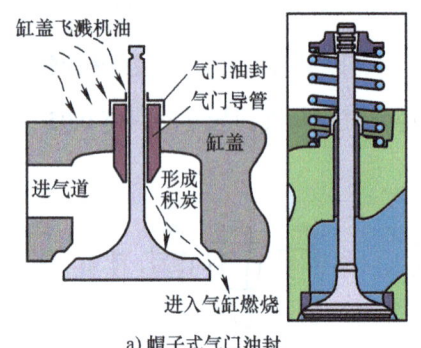
a）帽子式气门油封

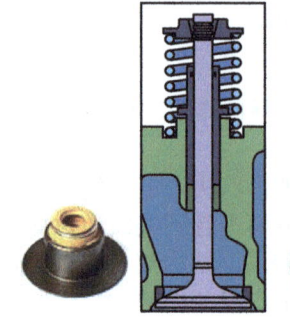
b）O 形圈气门油封

图 2-97 气门油封类型

（四）气门弹簧的构造

气门弹簧的作用是：保证气门及时落座并紧密贴合；防止气门在发动机振动时发生跳动而密封不严；防止传动件之间因惯性力的作用而出现间隙；保证气门按凸轮轮廓曲线的规律关闭。

它的一端支撑在气缸盖上，另一端压靠在气门杆尾端的弹簧座上，弹簧座用锁片或锁销固定。

当气门每分钟开闭的次数与弹簧本身的固有振动频率相同或成倍数时，就出现共振现象，使弹簧的振幅增大，破坏了气门的正常开闭时间，弹簧折断。

气门弹簧防共振的结构措施如下：

提高气门弹簧的自然振动频率，即提高弹簧的刚度：如加粗钢丝直径或减小弹簧的圈径，即粗丝小径，如图 2-98a 所示。

采用不等螺距弹簧，如图 2-98b 所示，这种弹簧在工作时，螺距小的一端逐渐叠合，有效圈数逐渐减小，自然频率也就逐渐提高，无法形成共振。不等螺距的气门弹簧安装时，螺距小的一端应朝向气门头部。

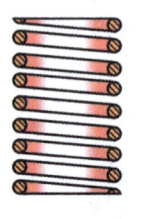 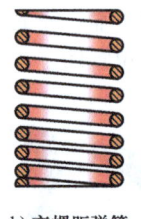 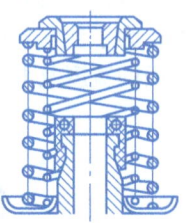

a）等螺距弹簧　　b）变螺距弹簧　　c）双弹簧

图 2-98 气门弹簧

采用双弹簧，如图 2-98c 所示，每个气门装两根直径不同、旋向相反的内外弹簧，两弹簧的自然振动频率不同，当一根弹簧发生共振时，另一根弹簧可起减振作用。旋向相反，可以防止一根弹簧折断时卡入另一根弹簧内，导致好的弹簧被卡住或损坏。另外，万一某根弹簧折断时，另一根弹簧仍可保持气门不落入气缸内。

三、气门传动组零件的构造

气门传动组主要包括凸轮轴、正时齿轮、挺柱及其导杆、推杆、摇臂和摇臂轴等，图 2-99 所示为气门传动组零件实物图，其作用是使进排气门按配气相位规定的时刻开闭，并保证有足够的开度。

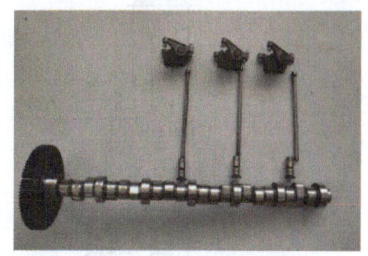

图 2-99 气门传动组零件

（一）凸轮轴的构造

凸轮轴由凸轮、轴颈及其附属件组成，如图 2-100 所示。

1. 凸轮

功用：控制气门运动。

各个气缸的进、排气凸轮按照配气相位和工作顺序的关系配置在凸轮轴上，如图 2-101 所示，凸轮数目决定于气缸数目及其传动关系。

高度及轮廓决定了气门打开、关闭的时刻和气体流通截面的大小，如图 2-102 所示，凸轮轮廓应保证气门平稳光滑地移动，并在正常工作所允许的惯性力的情况下，能足够快速打开和关闭气门。

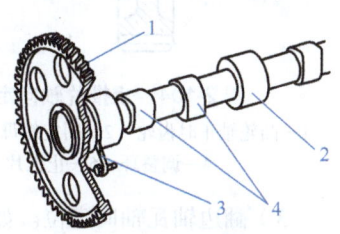

图 2-100 凸轮轴

1—传动齿轮 2—支撑轴颈
3—止推板 4—进排气凸轮

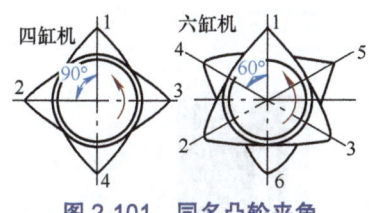

图 2-101 同名凸轮夹角

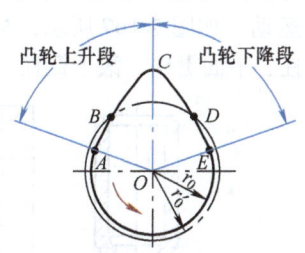

图 2-102 凸轮轮廓

2. 凸轮轴颈

凸轮轴各轴颈的直径一般均取相同的，以使机械加工简单。但为了拆装方便，也有采用前端向后递减直径的。在小型内燃机上一般每两个气缸用一个凸轮轴颈支撑，在大型发动机上相邻之间都有一个轴颈支撑。

3. 传动方式

柴油发动机凸轮轴的驱动方式多用正时齿轮，如图 2-103 所示，并按照记号安装，保证配气正时。

4. 凸轮轴轴向定位

配气机构的正时齿轮多采用斜齿轮传动，因而易使凸轮轴产生轴向窜动，影响配气正时，因此凸轮轴须有轴向定位装置。凸轮轴轴向定位主要有以下三种方法：

图 2-103 正时齿轮传动

1）止推片轴向定位。如图 2-104 所示，止推片 5 用螺钉 3 固定在气缸体上，定位于凸轮轴与正时齿轮之间。止推片与正时齿轮之间留有一定的间隙，如 YC6105QC 型和 T815 系列柴油机分为 0.08～0.20mm 和 0.14～0.22mm。其间隙大小可通过调整环 4 来调整。

2）止推螺钉轴向定位。如图 2-105 所示，在凸轮轴中心处压入一止推销 6，在正时齿轮盖上装有止推螺钉 4。止推螺钉拧入并将凸轮轴压向一端靠紧后再退回 1/4 圈并锁紧，即形成所需要的轴向保留间隙。

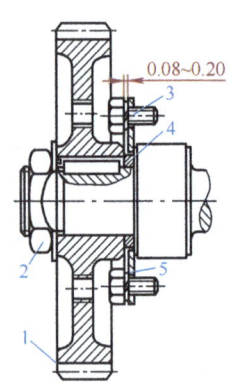

图 2-104　止推片轴向定位

1—凸轮轴正时齿轮　2—固定螺母　3—螺钉
4—调整环　5—止推片

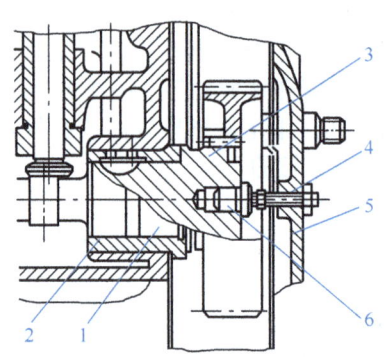

图 2-105　止推螺钉轴向定位

1—凸轮轴　2—轴承　3—凸轮轴的凸缘　4—止推螺钉
5—正时齿轮室盖　6—止推销

3）翻边轴瓦轴向定位。如图 2-106 所示，大功率商用车用柴油机（沃尔沃 D12D 等）多采用翻边轴瓦轴向定位方法。

（二）挺柱的构造

挺柱应用于中置式凸轮轴、下置式凸轮轴的配气机构中，作用是把凸轮的曲线运动转化为自身的直线往复运动并传递给推杆的上下运动。如图 2-107 所示，根据其结构不同，挺柱分为：球面挺柱、平面挺柱、滚子挺柱。

图 2-106　翻边轴瓦轴向定位

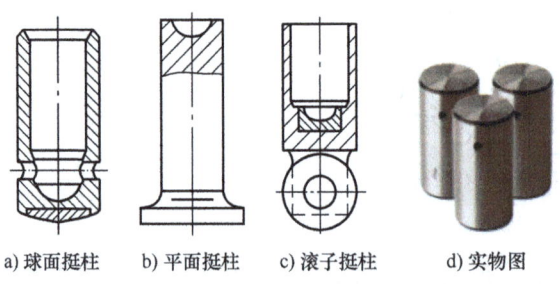

a）球面挺柱　　b）平面挺柱　　c）滚子挺柱　　d）实物图

图 2-107　挺柱

（三）推杆的构造

推杆的作用是将挺柱的推力传递给摇臂。推杆如图 2-108 所示，下端为圆球形，上端为凹球形。推杆是气门机构中最容易弯曲的零件。

（四）摇臂组与摇臂的构造

如图 2-109 所示，摇臂组主要由摇臂、摇臂轴、摇臂轴支座和定位弹簧等组成，摇臂轴为空心轴，安装在摇臂轴支座孔内，支座用螺栓固定在气缸盖上。为防止摇臂轴转动，通常采用摇臂轴紧固螺钉将摇臂轴固定在支座上。中间支座上有油孔，与气缸盖上的油道及摇臂轴上的油孔相通。机油可进入空心的摇臂轴内，然后又经摇臂轴上正对着摇臂处的油孔进入轴与摇

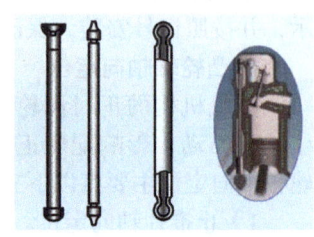

图 2-108　推杆

臂衬套之间润滑,并经摇臂上的油道对摇臂的两端进行润滑。在摇臂轴上的两个摇臂之间套装着一个定位弹簧,以防止摇臂轴向窜动。

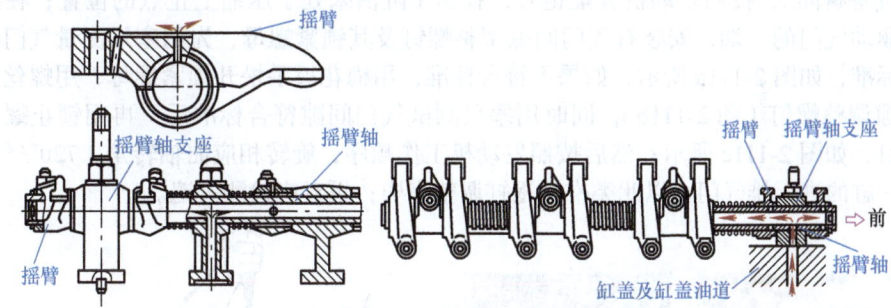

图 2-109　摇臂、摇臂组

目前,一些中、大型柴油机采用单组摇臂结构,如图 2-110 所示,摇臂轴座没有机油道,润滑是采用缸体油道至挺柱油道,通过中空推杆传递给中空摇臂螺钉至摇臂及润滑部位。

a) 整体式摇臂组　　　　　　　　b) 单组摇臂组

图 2-110　摇臂组实物图

四、气门间隙的检查与调整

(一) 气门间隙的概念

发动机工作时,气门及传动机构因温度升高而膨胀;如果气门及其传动件之间,在冷态时无间隙或间隙过小,则在热态时,气门及其传动件的受热膨胀引起气门关闭不严,造成发动机在压缩和做功行程中漏气,从而使功率下降,严重时损害零部件。因此,在发动机冷态装配时,气门及其传动机构应留有适当的间隙,以补偿配气机构零部件受热后的膨胀量,这一间隙通常称为气门间隙。

气门间隙的大小由发动机制造厂根据试验确定。一般在冷态时,柴油机进气门间隙为 0.25～0.30mm,排气门间隙为 0.30～0.35mm。如果气门间隙过小,发动机在热态下可能因气门关闭不严而漏气,导致功率下降,甚至气门烧坏。如果气门间隙过大,则使传动零件之间以及气门与气门座之间产生撞击响声,并加速磨损,同时也会使气门开启的持续时间减少,气缸充气以及排气情况变坏。

(二) 气门间隙的检查与调整

发动机在使用过程中,气门间隙通常会因配气机构零件的磨损变形而发生变化,导致气门间隙过大或过小而影响发动机的正常工作。因此在发动机使用和维护时,应对气门间隙进行检查和调整,使之符合原厂规定。

气门间隙的检查与调整必须在气门完全关闭状态下进行。在检查和调整气门间隙之前,必须分析判断各气缸所处的工作行程,以确定可调气门。根据四冲程发动机工作原理可知:处于压缩行程上止点的气缸,进气门和排气门均可调;处于排气行程上止点的气缸,进气门和排气门均不可调;处于进气行程和压缩行程的气缸,排气门可调;处于做功行程和排气行程的气缸,进气门可调。

四冲程发动机气门间隙的检查和调整有两种方法:

1. 逐缸调整法

利用专用工具旋转曲轴，观察4（或6）缸气门摇臂运动方式（排气门上行、进气门下行，即气门重叠瞬间），按照发动机装配记号，找出1缸活塞处于压缩上止点的位置；在摇臂或摆臂上驱动气门的一端，安装有气门间隙调整螺钉及其锁紧螺母，先用塞尺测量气门间隙是否符合标准，如图2-111a所示，如果不符合标准，用梅花扳手松开锁紧螺母，用螺丝刀调整气门间隙调整螺钉（图2-111b），同时用塞尺测试气门间隙符合标准后，再用锁止螺母紧固调整螺钉，如图2-111c所示；然后按照发动机工作顺序，旋转相应曲轴转角（720°/气缸数）调整下一缸的进、排气门，以此类推，逐缸调整完毕；再对应检测一遍。

a) 检查气门间隙   b) 旋转调整螺钉   c) 拧紧锁止螺母

图 2-111 气门间隙的调整

2. 二次调整法

二次调整法同样是找出1缸活塞处于压缩行程上止点的位置。

第一次当1缸处于压缩行程上止点时，调整1缸的进排气门间隙，并按"双排不进"调整相应气缸的气门间隙，飞轮按工作方向旋转360°时调整剩下的气门间隙，表2-3为四缸发动机气门间隙二次调整法，发动机做功顺序为1—3—4—2，表2-4为六缸发动机气门间隙二次调整法，发动机做功顺序为1—5—3—6—2—4。

表 2-3 四缸发动机气门间隙二次调整法

第一次时气缸调整顺序	1	3	4	2
第二次时气缸调整顺序	4	2	1	3
第一次（1缸在压缩上止点）	双	排	不	进
第二次（6缸在压缩上止点）				

表 2-4 六缸发动机气门间隙二次调整法

第一次时气缸调整顺序	1	5	3	6	2	4
第二次时气缸调整顺序	6	2	4	1	5	3
第一次（1缸在压缩上止点）	双	排	不	进		
第二次（6缸在压缩上止点）						

五、EVB 技术简介

"EVB"是英文"Exhaust Valve Brake"的缩写，译为"排气门制动"。

EVB系统是一种辅助制动装置，属发动机缓速器，它以传统的蝶形阀排气辅助制动装置为基础，可进一步提高发动机的制动效率。

1. 传统蝶形阀排气辅助制动装置

传统蝶形阀排气辅助制动装置是在柴油机的排气管内装有一个蝶形阀门或类似机构，如图2-112所示，在总排气管中（增压器之后）装有一蝶形阀，该蝶形阀通过一个杠杆系统及操纵动力元件围绕其轴转动。图2-112中实线位置表示开启状态，虚线位置表示关闭状态。

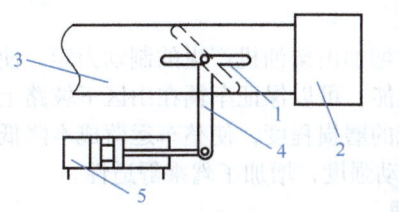

图 2-112 传统蝶形阀排气辅助制动装置

1—蝴蝶阀　2—消声器　3—排气管　4—杠杆　5—操纵动力元件

制动时将该阀门关闭,以加大柴油机的排气阻力,使发动机变成消耗汽车动能而起缓速作用的空气压缩机,从而起到辅助制动的效果。

传统蝶形阀可以辅助制动,但在使用过程中有不足之处。当关闭蝶形阀门时,排气通道中的气压急剧上升,相邻气缸的排气产生的压力波会导致处于进气行程下止点附近的排气门不受控制地打开,但排气门的打开只是瞬间的动作,随着活塞的运动缸内压力升高,排气门又会重新关闭,从而造成排气门频繁地打开和落下,极大地缩短了排气门的使用寿命。

2. EVB 排气门制动系统

EVB 排气门制动系统以传统蝶形阀排气辅助制动装置为基础,又增加一套柴油机排气门控制执行机构(EVB),使排气门能够在合适的时间打开并保持一定的时间,从而进一步提高发动机的制动效率。如图 2-113 所示,该系统在排气门摇臂中安装一个小的活塞,在系统工作时通过活塞的作用将排气门在合适的时间打开并保持一定的时间。

EVB 排气门制动系统组成如图 2-114 所示。封油螺钉由球头螺钉和封油块组成,封油块相对固定的球头螺钉可做任意方向的运动,保证了与摇臂封油平面良好接触。

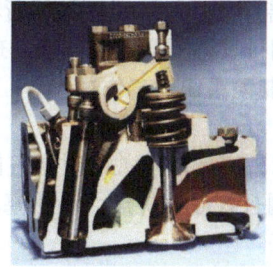

图 2-113　EVB 排气门制动系统实物图

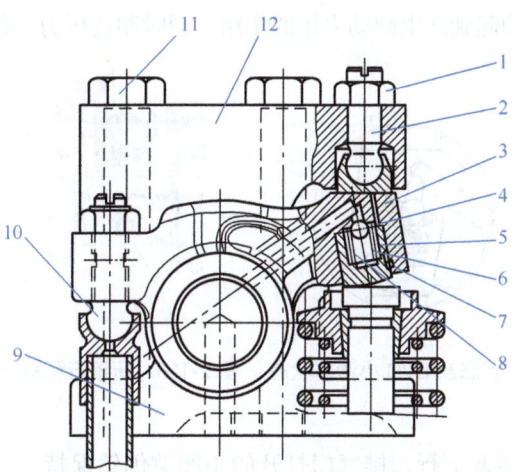

图 2-114　EVB 排气门制动系统结构图

1—气门间隙调整螺母　2—调节螺栓总成　3—排气门摇臂总成　4—钢球　5—气门摇臂活塞　6—摇臂活塞弹簧
7—滚针　8—球阀弹簧　9—气门摇臂座总成　10—气门间隙调整螺钉　11—六角头螺栓　12—支撑臂

3. EVB 排气门制动系统的作用

该系统的作用是在货车需要减速时增加由柴油机产生的制动力矩，使车辆持续地减低或稳定车辆速度，有效提高车辆的控制性能，可以保证车辆在山区下坡路上的行驶安全性，降低制动系统的使用频次，减轻制动系统的磨损程度，使整车运营成本降低，提高了使用经济性，制动次数大幅减少，减轻了驾驶劳动强度，增加了驾乘舒适性。

4. EVB 排气门制动系统的工作原理

传统的排气制动装置是采用蝶形阀开关关闭排气管通道的方法，使活塞在排气行程时受到气体的反压力，阻止发动机运转而产生制动作用，达到控制车速的目的。

EVB 排气门制动系统建立在传统蝶形阀排气辅助制动装置之上。当蝶形节流阀关闭时，柴油机在汽车重力的拖动下类似于压缩机工作，排气通道中的废气压力急剧上升，相邻气缸的排气产生的压力波会导致处于进气行程下止点附近气缸的排气门不受控制地打开。EVB 排气门制动系统利用排气门在制动过程中被压力波自动打开的现象，通过增加一套控制排气门行程的执行机构，使排气门在发动机制动过程中保持打开一个空隙以提高发动机的制动效率。

在排气制动情况下，排气管制动阀和排气门制动装置联合使用。由于排气管制动阀关闭，排气通道中的废气压力急剧上升，相邻气缸的排气产生的压力波克服了来自缸内和气门弹簧的力而使处于进气行程中位于下止点附近的排气门被打开，一旦排气门被压力波打开就通过小活塞的作用阻止其关闭（保持 1～2mm 行程）。当排气行程开始时，凸轮轴上的排气凸轮行程使排气门摇臂离开封油螺钉组件所在的密封平面，卸油孔打开，伸出的小活塞在回位弹簧的作用下缩回排气门摇臂内，从而实现对制动工况中排气门行程的控制。

5. EVB 排气门制动系统的工作过程

（1）进气行程

如图 2-115 所示，蝶形阀片关闭时排气门被来自排气管的压力波打开一个间隙，机油进入摇臂油孔，单向阀打开注入机油，小活塞由于自重、机油压力和弹簧作用伸出，使排气门打开一个间隙并保持。

（2）压缩行程

如图 2-116 所示，排气门打开的小间隙一直保持，压缩空气通过这个小间隙排到排气管，这个缸的压缩行程做负功起到产生制动力矩的作用，同时制造压力波打开相邻排气门。

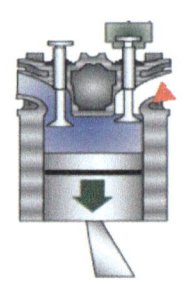 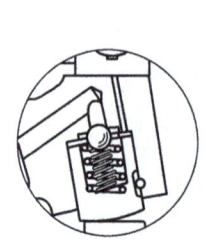 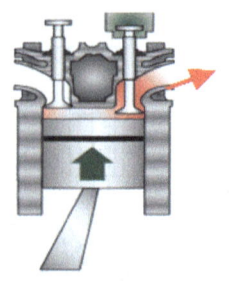 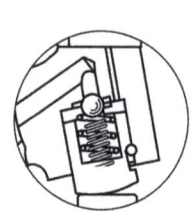

图 2-115 进气行程排气门状态及 EVB 小活塞状态　　图 2-116 压缩行程排气门状态及 EVB 小活塞状态

（3）做功行程

如图 2-117 所示，活塞下行，排气门打开的小间隙仍然保持，气体被产生的真空从排气管抽到气缸内，此行程也是做负功产生制动力矩。

（4）排气行程

如图 2-118 所示，排气行程由于排气门被凸轮轴打开，摇臂顶端的泄油孔也被打开，机油泄掉，小活塞在气门的压力下回位，打开的小间隙关闭，一个循环完成。

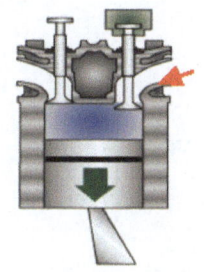 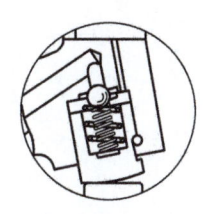 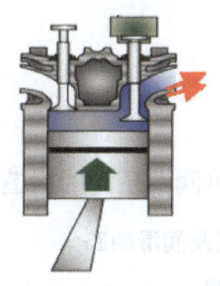 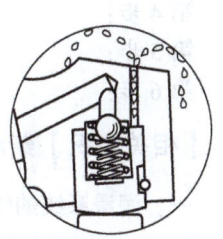

图 2-117　做功行程排气门状态及 EVB 小活塞状态　　图 2-118　排气行程排气门状态及 EVB 小活塞状态

子任务 3　润滑系统零件的安装

【情境描述】

客户反映某重型货车日常维护时发现机油消耗过快，并且打开膨胀水箱发现有大量机油漂浮。到服务站检修，发现机油冷却器裂纹导致油水混合，需要更换机油冷却器。

【学习目标】

1. 描述润滑系统的总体组成。
2. 描述润滑系统各零部件的结构特点和工作原理。
3. 使用通用和专用工具装配柴油机润滑系统。

【任务分组】

班级		组号		指导教师	
组长		组员			
任务分工					

【获取信息】

引导问题 1：机油泵的安装步骤

第 1 步：

第 2 步：

引导问题 2：机油滤清器的安装步骤

第 1 步：

第 2 步：

引导问题 3：机油冷却器的安装步骤

第 1 步：

第 2 步：

引导问题 4：集滤器的安装步骤

第 1 步：

第 2 步：

【工作实施】

引导问题 5：装配潍柴 WP10 柴油机润滑系统零部件

第 1 步：

第 2 步：

第3步：

第4步：

第5步：

第6步：

【相关知识】柴油机润滑系统的构造

一、润滑系统的组成及润滑油路

（一）润滑系统的作用

润滑系统的基本作用是连续不断地将清洁的、具有一定压力的机油输送到各个需要润滑的摩擦表面，减少零件的磨损，降低功率损失。具体作用如下：

1）润滑作用。润滑运动零件表面，减小摩擦阻力和磨损，降低发动机的功率消耗。

2）清洗作用。机油在润滑系统内不断循环，清洗摩擦表面，带走磨屑和其他异物。

3）冷却作用。机油在润滑系统内循环还可带走摩擦产生的热量。

4）密封作用。在运动零件之间形成油膜（如活塞与气缸）可以提高其密封性，有利于防止漏气或漏油。

5）防锈蚀作用。在零件表面形成油膜，对零件表面起保护作用，防止腐蚀生锈。

6）减振作用。在运动零件表面形成油膜，可以吸收冲击并减小振动。

（二）润滑方式

发动机工作时，由于各运动零件的工作条件不同，因而所要求的润滑强度和方式也不同。常见的润滑方式有：

1）压力润滑。利用机油泵将具有一定压力的机油源源不断地送往摩擦表面，适用于工作载荷大、相对速度高的运动表面，例如曲轴主轴承、连杆轴承、凸轮轴轴承等。

2）飞溅润滑。利用发动机工作时运动零件飞溅起来的油滴或油雾来润滑摩擦表面，适用于载荷较轻、相对速度较低的运动件表面，例如活塞、气缸壁、凸轮、正时齿轮、摇臂、气门等。

知识拓展

发动机辅助系统中有些零件则只需定期加注润滑脂进行润滑，例如水泵及发电机轴承等。近年来，有采用含有耐磨润滑材料（例如尼龙、二硫化钼等）的轴承来代替加注润滑脂的轴承的趋势。润滑脂润滑不属于润滑系统范畴。

（三）润滑系统的组成

图2-119所示为发动机润滑系统。为了实现完成润滑系统的作用，主要的组成部件有：油底壳，安装在机体的下方，主要用来储存和冷却机油；集滤器，安装在机油泵的入口，滤除机油中纤维状杂质；机油泵，图中所示为常用的外啮合机油泵，主要负责将机油从油底壳泵出并送至各运动零件表面；限压阀：安装在机油泵出口，当发动机转速升高，机油泵出口压力过高时，限压阀打开，多余的机油流回油箱，防止机油泵过载。从机油泵泵出的机油一分为二，一路到粗滤器，另一路到细滤器；细滤器，并联到油路当中，经细滤器过滤的机油流回油底壳，细滤器起到提高机油的整体清洁度作用；粗滤器，串联到油路当中，经粗滤器过滤后的机油流向主油道润滑运动零部件；安全阀，又称旁通阀，与机油粗滤器并联，当粗滤清器堵塞时，旁通阀打开，机油不经过滤清器而经过旁通阀向主油道供油，避免摩擦表面缺油；机油散热器，可对机油进行冷却，使机油温度保持在70～90℃的范围内；恒温阀，与机油散热器并联，当机油温度比较低时，在机油散热器内流通阻力大时，恒温阀打开，机油经恒温阀直接流向主油道；溢流阀，安装在主油道上，用来限制主要道的压力，当主油道机油压力超过设定值时，溢流阀打开，多余的油流回油底壳；主油道、分油道，分布在缸体上，负责将机油分给各个运动零部件，例如曲轴主轴颈、连杆轴颈、凸轮轴颈、摇臂轴等。

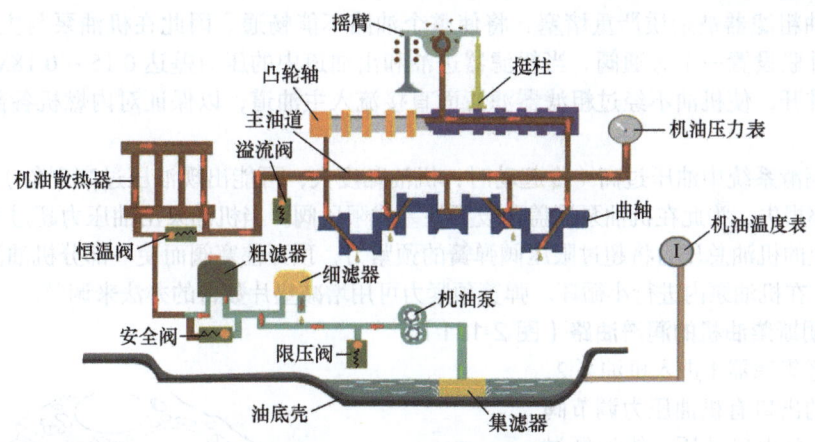

图 2-119 润滑系统的组成

（四）润滑油路

1. 6135 型柴油机的润滑油路

图 2-120 所示为 6135 型柴油机润滑系统示意图。该润滑系统中细滤器与粗滤器是并联的，机油泵压出的机油的绝大部分经粗滤器进入主油道，少量机油经细滤器流回油底壳。整个曲轴是空心的，其空腔形成机油道，机油经此油道分别润滑各个连杆轴承。曲轴主轴承是滚动轴承，用飞溅方式润滑。用以润滑气门传动机构的机油，沿着第二个凸轮轴轴承引出的油道，一直通到气缸盖上气门摇臂轴的中心油道，再由此流向各个摇臂的工作面，然后顺推杆表面上流到杯形挺柱内。由挺柱下部两个油孔流出的机油及飞溅的机油润滑凸轮工作面。

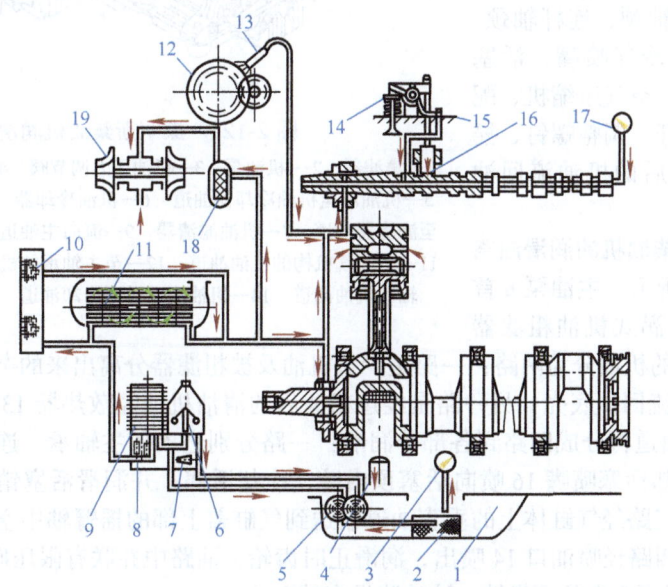

图 2-120 6135 型柴油机润滑系统示意图

1—油底壳 2—机油集滤器 3—油温表 4—加油口 5—机油泵 6—机油细滤器 7—限压阀 8—安全阀 9—机油粗滤器 10—风冷式机油散热器 11—水冷式机油散热器 12—正时齿轮 13—喷嘴 14—摇臂 15—气缸盖 16—挺柱 17—油压表 18—增压器用滤清器 19—增压器

连杆大头轴承流出的机油借离心力的作用飞溅至气缸壁上以润滑活塞和气缸套。由活塞油环刮下的机油溅入连杆小头上的两个油孔内以润滑活塞销和连杆小头轴承。

在标定转速（1800r/min）下，该润滑系统压力保持在 0.3～0.4MPa。

若机油粗滤器被杂质严重堵塞,将使整个油路不能畅通。因此在机油泵与主油道之间,与粗滤器并联设置一个旁通阀。当粗滤器进油和出油道中的压力差达 0.15~0.18MPa 时,旁通阀即被推开,使机油不经过粗滤器滤清面直接流入主油道,以保证对内燃机各部分的正常润滑。

如果润滑系统中油压过高(冷起动时,机油黏度大,可能出现油压过高现象),这将增加发动机功率损失,为此在机油泵端盖内设置柱塞式限压阀。当机油泵出油压力超过 0.6MPa 时,作用在阀上的机油总压力将超过限压阀弹簧的预紧力,顶开柱塞阀而使一部分机油流回机油泵的进油口,在机油泵内进行小循环。弹簧预紧力可用增减垫片数目的办法来调节。

2. 康明斯柴油机的润滑油路(图 2-121)

机油经集滤器 1 进入机油泵 2,在机油泵的出口有机油压力调节阀 3 控制机油泵出口油压。机油经过机油泵出口流出,经油道 5 进入机油冷却器 6,冷却后经油道 7 进入机油滤清器 8,过滤后经油道 9 进入主油道。机油滤清器座中安装有机油旁通阀,如果机油滤清器堵塞,机油旁通阀打开,机油经旁通阀直接进入主油道 10。主油道上安装有溢流阀来控制主油道压力。机油通过主油道润滑各个部件,润滑部位有曲轴主轴颈、连杆轴颈、凸轮轴颈、活塞冷却喷嘴、活塞销、涡轮增压器、空气压缩机、配气机构挺柱、推杆、调整螺钉、摇臂轴。完成润滑后的机油流回油底壳。

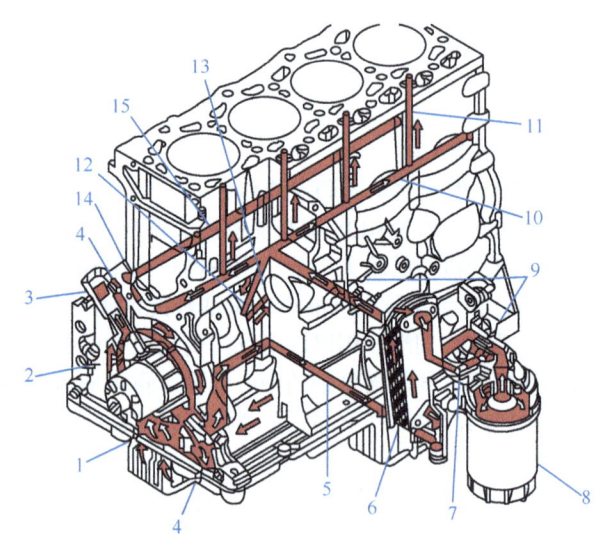

图 2-121 康明斯柴油机润滑油路

1—集滤器 2—机油泵 3—机油压力调节阀 4—至油底壳的回油道 5—机油流至机油冷却器油道 6—机油冷却器 7—机油从冷却器流至滤清器油道 8—机油滤清器 9—流向主油道油道 10—主油道 11—至配气机构的机油油道 12—至主轴承的机油油道 13—至凸轮轴的机油油道 14—机油流至活塞冷却油道 15—活塞冷却油道

3. 双机油泵柴油机的润滑油路

如图 2-122 所示,主油泵 6 首先将机油泵入漩涡式机油粗滤器 10 中,经粗滤器的机油分为两路:一路是少量机油及被粗滤器分离出来的杂质进入机油细滤器 11,经过滤后流回油底壳;另一路是经过粗滤后的清洁机油经散热器 13 冷却后进入主油道 2。机油由主油道再分成四路到各部分润滑:一路分别进入各主轴承、连杆轴承和凸轮轴承;另一路经冷却活塞喷嘴 16 喷向活塞顶内腔,冷却活塞,并润滑活塞销及连杆衬套、活塞与气缸壁;第三路经气缸体上的垂直油道输送到气缸盖上部的摇臂轴中空油道,润滑配气机构各零件;第四路经喷油口 14 喷出,润滑正时齿轮,油路中并联有限压阀 7、恒温阀 9 和调压阀 8。为了保证润滑的可靠性,该油路设有辅泵 4。

二、柴油机润滑系零部件的构造

(一)机油泵的构造

1. 机油泵的作用和类型

机油泵的作用是将油底壳中的机油吸出,提高机油压力,经过滤清器和机油散热器后,按照不同设定的压力,强制输送到发动机各个需要润滑的部位。

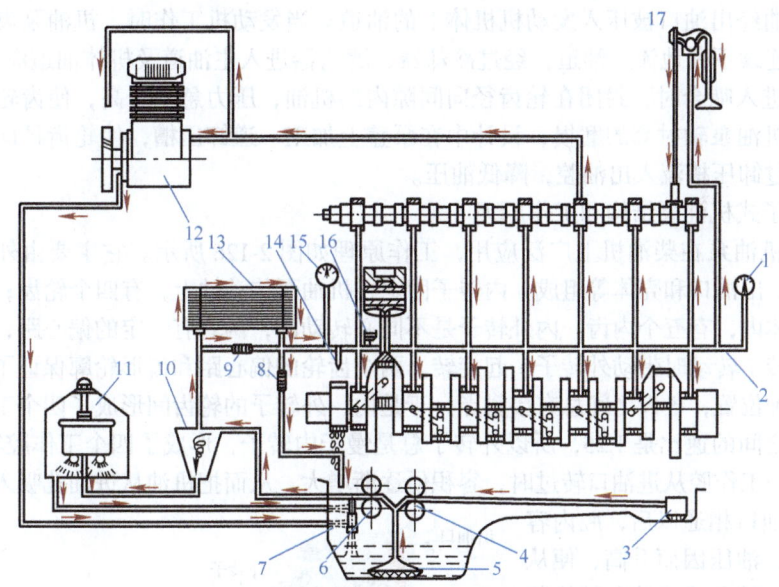

图 2-122 双机油泵柴油机润滑油路示意图

1—油温表 2—主油道 3—辅泵集滤器 4—辅泵 5—主泵集滤器 6—主油泵 7—限压阀 8—调压阀 9—恒温阀 10—机油粗滤器 11—机油细滤器 12—空气压缩机 13—机油散热器 14—齿轮室喷油口 15—油压表 16—冷却活塞喷嘴 17—摇臂

机油泵按其结构不同可分为齿轮式和转子式两种，如图 2-123、图 2-124 所示。

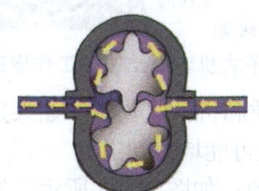 

图 2-123 齿轮式机油泵结构示意图　　图 2-124 转子式机油泵结构示意图

2. 机油泵的结构和工作原理

（1）齿轮式机油泵结构和工作原理

齿轮式机油泵主要由驱动轴、主动齿轮、从动齿轮、机油泵体、泵盖等组成，一般由正时齿轮经过惰轮驱动。

齿轮式机油泵的结构和工作原理如图 2-125 所示。当主动齿轮按图示方向旋转时，右侧轮齿逐渐脱离啮合而使进油腔的容积增大，腔内产生一定的真空，机油从油底壳经进油口被吸入进油腔，随后又被轮齿带到出油腔；左侧轮齿逐渐进入啮合而使出油腔的容积减小，机油压

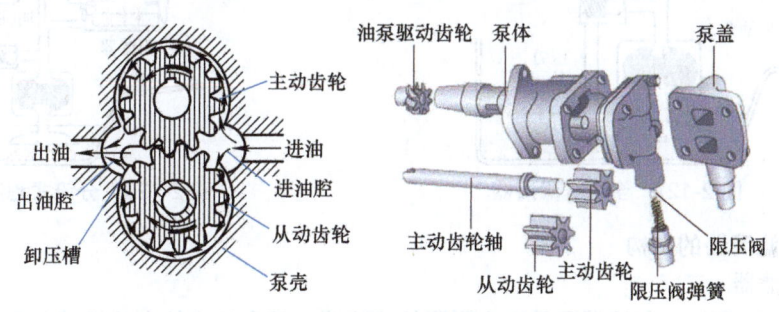

图 2-125 齿轮式机油泵结构和工作原理

力升高，机油经出油口被压入发动机机体上的油道。当发动机工作时，机油泵齿轮不停地旋转，机油便连续不断地流入油道，经过冷却器、滤清器进入主油道及机体油道润滑各部位。

当轮齿进入啮合时，封闭在轮齿径向间隙内的机油，压力急剧升高，使齿轮受到很大的推力，加剧机油泵轴衬套的磨损；设计中在泵盖上加工一道卸压槽，使轮齿径向间隙内被挤压的机油通过卸压槽流入出油腔，降低油压。

（2）转子式机油泵结构和工作原理

转子式机油泵在柴油机上广泛应用，工作原理如图2-126所示。它主要由外转子、内转子、进油口、出油口和壳体等组成。内转子固定在机油泵传动轴上，有四个轮齿；外转子自由地安装在泵体内，有五个内齿。内外转子是不同心转动的，两者有一定的偏心距，但旋转方向相同。当内转子转动时带动外转子一起旋转。两个齿轮的偏心距和齿形轮廓保证了内、外转子无论转到何种位置，各齿之间总有接触点，于是内、外转子的轮齿间形成了四个工作腔。由于内、外转子之间的速比是1.25，所以外转子总是慢于内转子，形成了四个工作腔容积的变化。所以，当某一工作腔从进油口转过时，容积便逐渐增大，从而把机油从进油孔吸入。当该工作腔转到与出油口相通以后，腔内容积逐渐减小，油压因而升高，便从出油孔泵出。转子式机油泵结构紧凑，吸油真空度高，泵油量大，当机油泵的安装位置在机体外或吸油位置较高时，用转子式机油泵尤为合适。转子式机油泵由曲轴的正时齿轮通过中间齿轮驱动。

（二）机油滤清器的构造

1. 机油滤清器的作用和分类

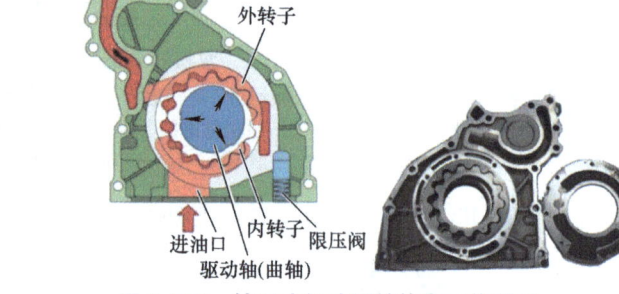

图2-126 转子式机油泵结构和工作原理

机油滤清器的作用是过滤机油中的金属磨屑、机械杂质和机油氧化物。如果这些杂质随同机油一同进入润滑部位，将加剧发动机零部件的磨损，还可能堵塞油道。

为了保证过滤效果，一般使用多级滤清器，方式有两种：如图2-127所示，发动机普遍采用集滤器加全流式机油滤清器的过滤方式，机油滤清器串联于机油泵和主油道之间；如图2-128所示，部分柴油机采用集滤器加粗、细双级滤清器的过滤方式，其中机油粗滤器与主油道串联，机油细滤器则与主油道并联分流，经过粗滤器的机油进入主油道，而流过细滤器的机油过滤后直接返回油底壳。

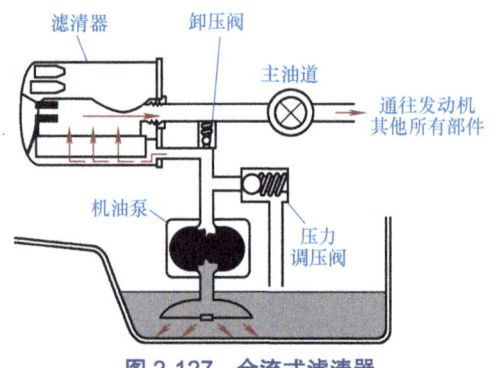

图2-127 全流式滤清器

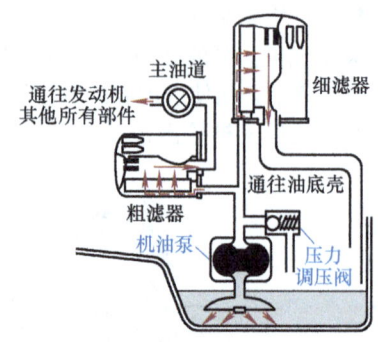

图2-128 分流式滤清器

2. 机油滤清器的结构

（1）集滤器

如图2-129所示，集滤器是具有金属网的滤清器，用来防止较大的机械杂质进入机油泵，通常安装在机油泵之前。集滤器可分为浮式和固定式（淹没式）两种。

浮式集滤器漂浮于机油表面吸油，能吸入油面上较清洁的机油，但油面上的泡沫易被吸入，使机油压力降低，润滑欠可靠，目前应用不多。

使用时，首先应检查浮式集滤器的浮子是否有变形和破损，若有，则应及时修焊；其次应检查集滤器安装到油泵上后，其上下摆动是否灵活。

图 2-129　机油集滤器

固定式集滤器如图 2-130 所示，主要由吸油管滤网和罩组成。吸油管上端通过螺栓与机油泵连接，下端与滤网支座连成一体；罩利用翻边安装在滤网支座外缘凸台上，滤网夹装在滤网支座与罩之间；罩的边缘有四个缺口，形成进油通道。

固定式集滤器淹没在油面之下，吸入的机油清洁度较差，但可防止泡沫吸入，润滑可靠，结构简单，将逐步取代浮式集滤器。

图 2-130　固定式集滤器

固定式集滤器在使用中，主要检查吸油管与油泵连接处的衬垫，若有损伤必须更换，以免因漏气导致机油压力下降；若发现滤网堵塞，应及时清洁。

（2）机油粗滤器

如图 2-131 所示，机油粗滤器串联安装于机油泵出油口与主油道（或机油散热器）之间，用来过滤机油中颗粒度较大（直径在 0.05～0.10mm）的杂质。粗滤器和细滤器一般安装于缸体外面，以方便维修。

目前国内外发动机普遍采用纸质滤清器；其特点是质量轻，体积小，结构简单、滤清效果好，过滤阻力小，成本低，保养方便。机油滤清器分为组合式（可单独更换滤芯式）和整体式两种。

图 2-131　机油粗滤器安装部位

组合式机油粗滤器如图 2-132 所示，壳体由上盖和外壳组成。中间纸质滤芯用经过树脂处理的微孔滤纸制成。滤芯两端由滤芯密封圈密封。机油由上盖的进油孔流入，通过滤芯滤清后，经上盖的出油孔流出进入发动机主油道（或机油散热器）。当滤芯被污物堵塞，其内外压差达到 0.15～0.17MPa 时，安装于上盖旁通阀的球阀即被顶开，大部分机油不经滤芯过滤直接进入主油道，以保证发动机各部位的润滑。

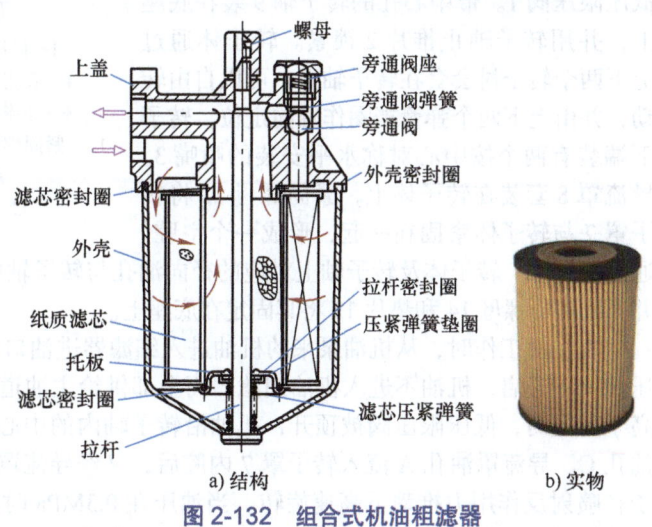
图 2-132　组合式机油粗滤器

整体式机油粗滤器又称为全流式机油滤清器，如图 2-133 所示。纸质滤芯装在滤清器外壳内，滤清器出油口是螺纹孔，能把滤清器拧在机体上的螺纹接头上，螺纹接头与机体主油道相通。在机体安装平面与滤清器之间用密封圈密封。机油从纸质滤芯的外围进入滤清器中心，然后经出油口流进机体主油道，机油流过滤芯时杂质被截留在滤芯上。

65

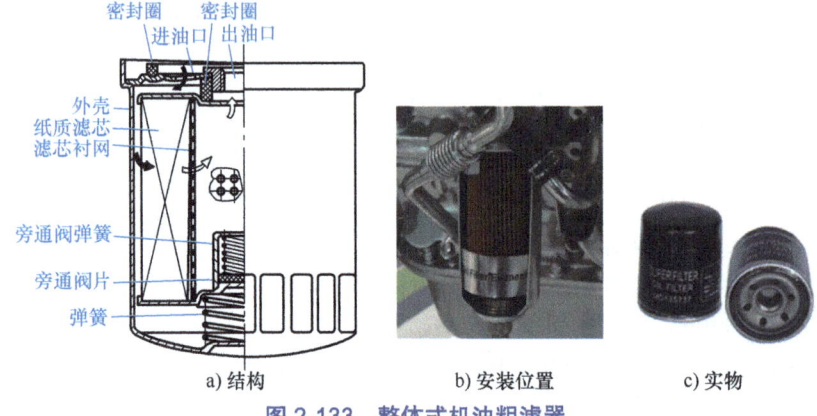

图 2-133 整体式机油粗滤器

（3）机油细滤器

机油细滤器属于分流式滤清器，可以滤除直径为 0.01mm 以上的细小机械杂质及胶质。因为这种滤清器对机油的流动阻力较大，所以与主油道并联后只有 10%～15% 的机油通过。

机油细滤器有过滤式和离心式两种类型。目前离心式机油细滤器应用较广泛。这种细滤器滤清性能好，且不受沉淀物影响，不需更换滤芯，只需定期清洗即可，但对胶质滤清效果较差。

离心式机油细滤器如图 2-134 所示，由底座 4、转子体 15、外罩 6 等组成。底座上设有低压限压阀 1。带中心孔的转子轴 9 装在底座上，并用转子轴止推片 2 锁紧。转子体通过上下两个转子衬套套在转子轴上，可以自由转动，并由上下两个弹簧挡圈作轴向定位，转子下端装有两个按中心对称水平安装的喷嘴 3。导流罩 8 套装在转子体上，紧固螺母 12 将转子罩 7 与转子体紧固在一起，形成一个空腔，

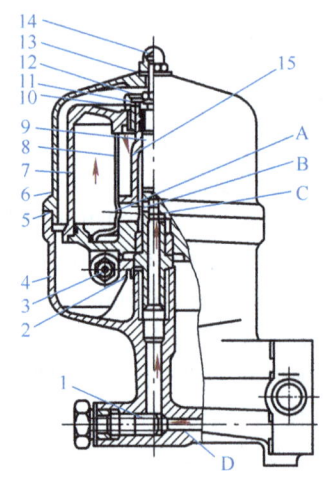

图 2-134 离心式机油细滤器

1—低压限压阀 2—转子轴止推片 3—喷嘴
4—底座 5—外罩密封圈 6—外罩 7—转子罩
8—导流罩 9—转子轴 10—止推垫 11—垫圈
12—紧固螺母 13—垫片 14—盖形螺母 15—转子体
A—导流罩油孔 B—转子轴油孔
C—转子体进油孔 D—细滤器进油孔

通过导流罩、转子体及转子轴上对应的径向油孔与转子轴中心孔相通。整个转子用外罩盖住，并通过盖形螺母 14 和垫片 13 将其固定在底座上。

发动机工作时，从机油泵来的机油进入细滤器进油口 D，若油压低于 0.147MPa，低压限压阀 1 不开启，机油不进入机油细滤器而全部供给主油道，以保证发动机可靠润滑。当油压高于此值时，低压限压阀被顶开，机油沿转子轴内的中心油道，经转子轴油孔 B、转子体进油孔 C、导流罩油孔 A 流入转子罩 7 内腔后，又经导流罩 8 导流从两个喷嘴 3 喷出，此时转子在喷射反作用力推动下高速旋转。当油压在 0.3MPa 时，转子转速高达 5000～6000r/min。随着转子高速旋转，转子内腔的机油中的机械杂质在离心力的作用下被甩向转子壁，洁净的机油不断从喷嘴喷出，并经出油口流回油底壳。

有些发动机的机油滤清器除设置旁通阀外，还加装止回阀。当发动机停机后，止回阀将滤清器的进油口关闭，机油不能从滤清器流回油底壳。在这种情况下，当重新起动发动机时，润滑系统能迅速建立起油压，从而可以减轻由于起动时供油不足而引起的零件磨损。

（三）机油冷却器的构造

1. 机油冷却器作用

柴油机在工作过程中，机油将吸收摩擦产生的热量以及燃烧传导给零件的热量，机油温度升高。如果机油温度过高，机油的老化速度加快，黏度下降，润滑性能变差，机油的使用期限缩短，零件磨损加剧。

2. 机油冷却器工作过程

如图 2-135 所示，在柴油机润滑系统中安装有机油冷却器，其安装在缸体内部，利用发动机冷却液对机油降温。在机油冷却器的两端并联有机油冷却器旁通阀。它是一个单向压力阀。当柴油机温度较低时，机油的黏度较大，机油流过冷却器的阻力增大，机油压力升高，当机油压力升高达到（2.1±0.35）bar 时，冷却器旁通阀开启，

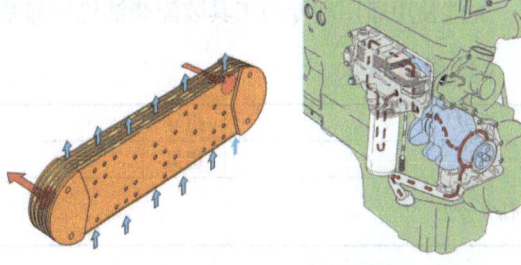

图 2-135　机油冷却器

大部分机油不经过冷却器而直接由此阀流过，保证可靠润滑；当机油的温度升高到一定数值时，旁通阀关闭，机油便全部流过冷却器而得到冷却，从而维持机油温度在一个合适的范围内。

三、曲轴箱通风

曲轴箱通风装置的作用是将由活塞环漏入曲轴箱内气体及时从曲轴箱内抽出，保证润滑系统的正常润滑，延长机油的使用寿命，防止发生机油泄漏。

发动机工作时，由于活塞环端隙的存在，可燃混合气和废气会经由活塞环端隙漏到曲轴箱内部。漏到曲轴箱内的柴油蒸气凝结后会稀释机油，使机油黏度变小；废气中的水蒸气和酸性物质凝结后将侵蚀零件并使机油变质；漏入曲轴箱内的气体使曲轴箱压力和温度升高，将造成机油从油封、衬垫处向外渗漏。因此曲轴箱开设通风装置，排出漏入曲轴箱的气体，同时使新鲜的空气进入曲轴箱。

曲轴箱通风就是将曲轴箱内的气体排出，如果将曲轴箱内的气体直接排到大气中去，称为自然通风；将曲轴箱内的气体导入进气管内，称为强制曲轴箱通风。

图 2-136a 所示为曲轴箱自然通风，将曲轴箱内的气体直接导入大气中，在曲轴箱连通的气门室盖或机油加注口接出一根下垂的出气管，管口处切成斜口，切口的方向与车辆行驶方向相反。利用车辆行驶和冷却风扇的气流，在出气口处形成一定的真空度，将气体从曲轴箱内抽出。自然通风结构比较简单，但与强制通风相比，因为将曲轴箱气体直接导入大气，造成燃料浪费，增加大气污染，且通风效果不佳。

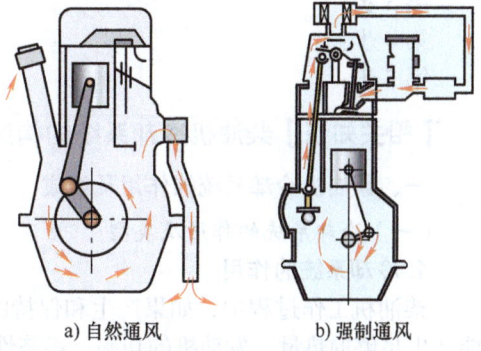

a) 自然通风　　　　b) 强制通风

图 2-136　曲轴箱通风

图 2-136b 所示为曲轴箱强制通风，从曲轴箱抽出的气体导入发动机的进气管，吸入气缸再燃烧。这样，可以将窜入曲轴箱内的混合气回收使用，有利于提高发动机的经济性。

子任务 4　冷却系统零件的安装

【情境描述】

新车 5000km，驾驶人反映空调制冷效果不好，车辆重载爬坡时高温。先检测空调，连接高低压表后起动发动机开空调，高压快速升至 2.9MPa，听不到三速电磁风扇离合器吸合的

声音，风扇只是低速跟转，冷凝器表面烫手，得不到有效散热。进一步检查发现三速电磁风扇离合器线圈断路，需要更换三速电磁风扇离合器。

【学习目标】
1. 能认识冷却系统的总体组成。
2. 能认识冷却系统各零部件的结构。
3. 能使用通用和专用工具装配柴油机冷却系统。

【任务分组】

班级		组号		指导教师	
组长		组员			
任务分工					

【获取信息】

引导问题 1：水泵的工作原理

引导问题 2：散热器的作用和安装位置

引导问题 3：节温器的作用和安装位置

引导问题 4：风扇离合器的作用和安装位置

【工作实施】

引导问题 5：装配潍柴 WP10 柴油机冷却系统零部件
第 1 步：
第 2 步：
第 3 步：
第 4 步：
第 5 步：

【相关知识】柴油机冷却系统的构造

一、柴油机冷却系统的作用及组成

（一）冷却系统的作用及类型

1. 冷却系统的作用

柴油机工作过程中，如果产生和保持的热量太多，将使柴油机的性能急剧下降，如果不能产生足够的热量，发动机的功率、经济性和排放控制也将变差。

发动机冷却系统的作用是保证受热零件得到适度且可靠地冷却，使发动机在最适宜的温度范围内持续、可靠地运转。

 知识拓展

冷却系统在车辆空调系统中为暖风系统提供热源，同时还有为润滑系的机油进行散热的作用。

2. 冷却系统的类型

根据冷却介质的不同，发动机冷却系统可分成空气冷却（图 2-137a）和水冷却（图 2-137b）两种类型。

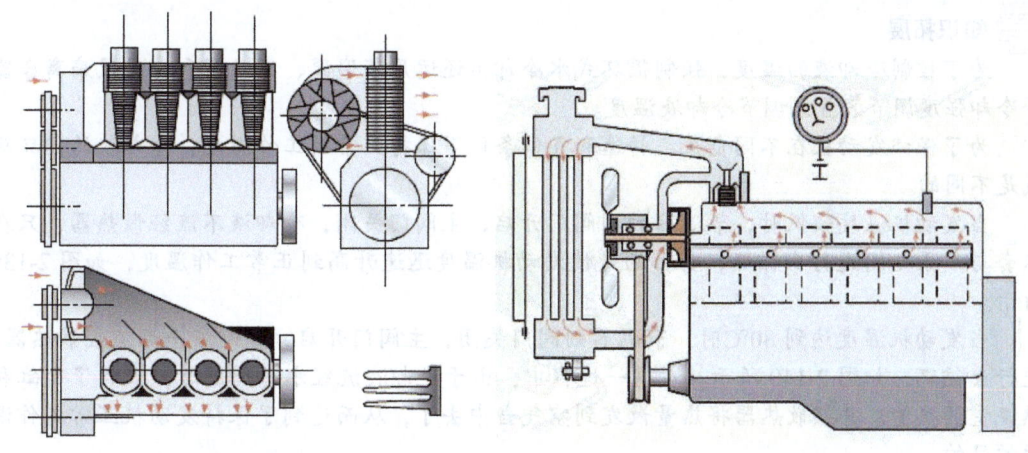

a) 空气冷式发动机　　　　　　　b) 水冷式发动机

图 2-137　冷却系统的类型

空气冷却装置一般由散热片、气缸导流罩、导流罩、分流板、风扇等组成。其结构特点是：在气缸体和气缸盖上，铸造有许多散热片，以增大散热面积。它利用特设的风扇，使空气吹过散热片，将热量带走。

知识拓展

空气冷却装置结构简单，不易损坏，无须特殊保养。但在多缸发动机上，会使各缸的冷却不均匀，并且在冬季时起动困难，燃油和机油消耗量也较大。因此，只用于部分小排量发动机。

采用水冷却时水套直接布置在气缸的周围，利用发动机冷却液吸收水套周围的热量，受热的冷却液流经散热器时将热量散发到空气中去，再利用水泵通过水管从散热器内吸入低温冷却液，使冷却液在发动机缸体和缸盖的水道中不停地循环流动，冷却液吸收热量后又流回散热器，如此不断循环进行散热。

水冷却克服了空气冷却的缺点，冷却强度大、易调节、便于冬季起动，因此柴油机广泛采用水冷系统。

（二）水冷系统的组成与循环水路

1. 水冷系统的组成

柴油机普遍采用强制闭式循环水冷系统，如图 2-137b 所示。

水冷系统的主要组成有：冷却风扇、散热器、节温器、风扇传动带、水泵、水套（在气缸盖或气缸体上制出的夹层空间）、百叶窗、风扇离合器、机油冷却器、膨胀水箱等。

2. 水冷系统的循环水路

如图 2-138 所示，散热器内的冷却液经水泵加压后，通过分水管（由前向后孔径逐渐增大，保证发动机前后冷却均匀）压送到气缸体水套和气缸盖水套内，冷却液从水套壁周围流过并吸收了机体的大量热量而升温，然后经气缸盖出水孔、节温器流回散热器。由于有风扇的强力抽吸，空气从前向后高速流过散热器，使吸热后的冷却液在流过散热器芯管的过程中，热量不断地被散发到大气中去，冷却后的冷却液流到散热器的底部，又被水泵抽出，再次泵送到发动机的水套中，如此不断地在冷却系统中循环，把热量不断地送到大气中去，使发动机在最适合的温度范围内工作。

图 2-138　水冷系统

知识拓展

为了控制冷却液的温度，强制循环式水冷却系还运用节温器、百叶窗和自动风扇离合器等冷却强度调节装置来调节冷却液温度。

为了保证发动机在不同负荷、转速和气候条件下保持正常的工作温度，冷却液的循环路线是不同的。

当发动机温度较低时，节温器的副阀门开启，主阀门关闭，冷却液不流经散热器，只在水套与水泵之间进行小循环，其目的是使发动机温度迅速升高到正常工作温度，如图2-139所示。

当发动机温度达到80℃时，节温器副阀门关闭，主阀门开启，冷却液全部流经散热器，进行大循环，如图2-140所示。在这一过程中，由于冷却液流经水套周围时，吸收了气缸和燃烧室的热量，并经散热器将热量散发到空气当中去了，从而达到了保持发动机正常工作温度的目的。

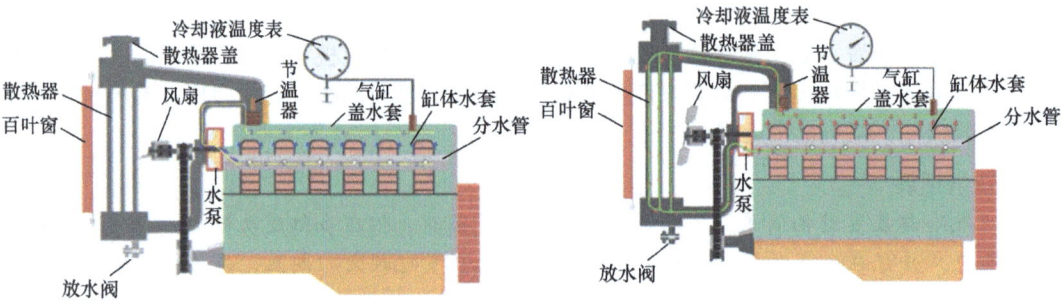

图2-139　冷却液小循环图　　　　　　　　图2-140　冷却液大循环图

当节温器处于半开闭状态时，一部分冷却液进行大循环，另一部分冷却液进行小循环，称为混合循环，如图2-141所示。

（三）冷却液与防冻液

1. 冷却液

冷却液是发动机冷却系统中的工作介质。

2. 防冻液

防冻液由防冻剂、防锈剂、泡沫抑制剂和着色剂等组成。

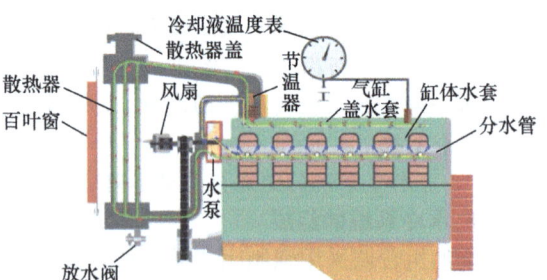

图2-141　冷却液混合循环

为防止在冬季寒冷地区，因冷却液结冰而使散热器、气缸体、气缸盖发生变形或胀裂，可在冷却液中加入一定量的防冻剂（乙二醇），以达到降低冰点、提高沸点的目的。

添加有防锈剂和泡沫抑制剂的冷却液可减轻冷却系统的锈蚀和冷却液泡沫的产生，提高冷却效果。

知识拓展

冷却液应是清洁的软水，而井水、河水等硬水中含有矿物质，在高温作用下，这些矿物质会从水中沉淀析出来而生成水垢，这些水垢积附在缸体水套的内壁、散热器及软管的接口处，影响水的循环，造成高温零件散热困难而使发动机过热，因此不能直接作为发动机冷却液。

二、水冷系统主要部件构造

（一）散热器的构造

1. 散热器的作用

散热器也称为水箱，安装在发动机前端。其作用是将从水套中流出的热冷却液分成许多股小水流，以增大散热面积，加速冷却液的冷却。

2. 散热器的构造

散热器主要由上水箱（进水室）、散热器芯（包括冷却管和散热片）、下水箱（出水室）和散热器盖等组成，如图 2-142 所示。上水箱通过散热器进水软管与缸盖上的出水管相通，下水箱通过散热器出水软管与水泵进水口相通，上水箱上端设有加水口，由散热器盖密封，下水箱设有放水开关，必要时可将散热器内的冷却液放掉。

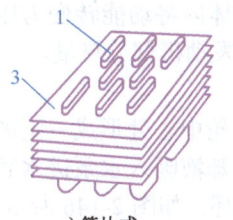

图 2-142 散热器

为了将散热器中的热量尽快传给外界空气，散热器一般用铜或铝制成，并在其后面装有风扇及风扇离合器配合工作。

为了增大散热面积和传热速度，散热器芯由许多冷却管和散热片组成，常用形式有管片式和管带式，如图 2-143 所示。

管片式散热器芯散热面积大，结构强度和刚度较好，耐压高，但制造工艺较复杂，成本高；管带式散热器芯片散热能力强，制造工艺简单，成本低，质量小，但结构刚度较差。

3. 散热器盖

散热器盖既能密封冷却系统，防止冷却液溅出，同时它包含的真空阀和压力阀（均为单向阀）能自动调节冷却系内部压力，提高冷却效果，如图 2-144 所示。

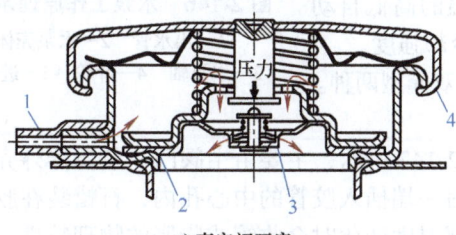 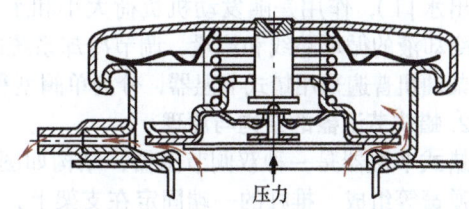

a) 管片式   b) 管带式

图 2-143 散热器芯结构

1—冷却管 2—散热片 3—散热带 4—缝孔

a) 真空阀开启   b) 压力阀开启

图 2-144 散热器盖

1—空气排出管 2—压力阀 3—真空阀 4—散热器盖

当发动机处于正常温度时，压力阀和真空阀的阀门关闭，将冷却系统与大气隔开，防止水蒸气逸出，使冷却系统内的压力稍高于大气压力，从而可提高冷却液的沸点，改善了冷却效能，保证发动机在较长时间及较高负荷下工作。

当冷却系统过热而使水蒸气增多时，系统压力过高可能导致散热器芯胀破，此时散热器盖中的压力阀开启，水蒸气经溢流管流出，冷却系统内的压力下降；当压力下降到一定值时，压力阀在弹簧作用下又重新关闭。这样就可使冷却系统内的压力稍高于大气压力，从而可提高冷却液沸点。

冷却系统过冷会使水蒸气凝结，压力过低可能导致散热器芯被压瘪而破裂，此时散热器盖中的真空阀开启,使外部空气从通气孔进入散热器,以防止散热器内产生真空而塌陷;当散热器内的压力升高到一定值后,真空阀在其弹簧作用下又重新关闭。

(二)水泵的作用与构造

1. 水泵的作用

水泵(或称冷却液泵)通常安装在发动机前端,由曲轴通过一根V带或多槽V带驱动(多槽V带优先采用)。

作用是对冷却液加压,强制冷却液在冷却系统内循环流动,保证可靠冷却。

2. 水泵的构造

柴油机多采用离心式水泵,它具有结构简单、尺寸小、排量大及维修方便等优点,如图2-145所示,包括铝合金外壳、塑料叶轮、轴密封件、轴承和滑轮等。轴承是永久润滑的组合辊轴承,在轴密封件和轴承之间有一个带指示孔的通风空间,以指示是否有冷却液或机油泄漏,泵壳的后面部分通过螺栓紧固到缸体上。

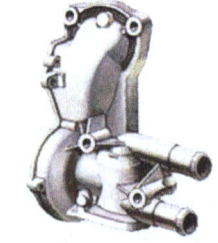

图 2-145 离心式水泵

3. 离心式水泵的工作原理

(1)压冷却液

当水泵叶轮旋转时,水泵中的冷却液被叶轮带动一起旋转,由于离心力的作用,冷却液被甩向叶轮边缘,在蜗形壳体内将动能转变为压能,经外壳上与叶轮成切线方向的出水管被泵送到发动机水套内,吸收发动机部分热量。

(2)吸冷却液

在压冷却液的同时,叶轮中心处形成一定的真空,将来自散热器底部出口的低温冷却液吸入水泵进水管,如此连续地作用,使冷却液不断地循环,如图2-146所示。

(三)节温器的构造

1. 节温器的作用和类型

节温器通常安装在冷却液循环的通路中(一般安装在气缸盖出水口),作用是随发动机负荷大小和水温的高低自动改变冷却液的循环路线和流量,调节冷却系统冷却强度。

柴油机普遍采用蜡式节温器,分为单阀型和双阀型两种。

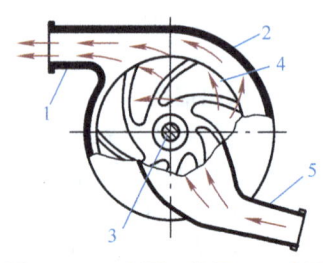

图 2-146 水泵工作原理示意图
1—出水管 2—水泵壳体
3—水泵轴 4—叶轮 5—进水管

2. 蜡式节温器的结构与原理

蜡式节温器是一种双阀节温器,结构如图2-147所示,主要由主阀门、节温器外壳、石蜡和弹簧等组成。推杆的一端固定在支架上,另一端插入胶管的中心孔内,石蜡装在胶管与节温器外壳之间的腔体内。利用石蜡材料受外部温度变化时会收缩或膨胀的物理特性,来控制出水室阀门的大小,如图2-148所示。

节温器控制冷却液由小循环、大循环和混合循环三种模式,具体如下:

小循环 发动机温度较低时,节温器关闭至散热器的水道。以沃尔沃柴油机D7D为例,冷却液温度低于83℃时,主阀门关闭,旁通阀门打开,冷却液只能经旁通循环管直接流回水泵的进水口,然后又被水泵压入水套。此时,水不流经散热器,即小循环,水流路线是节温器→小循环水管→水泵→机油散热器→水套→节温器,如图2-139所示。

大循环 当发动机内冷却液温度升高达95℃时,主阀门全开,旁通阀全关,冷却液经大循环管全部流进散热器。此时,冷却强度增大,使冷却液温度不致过高。由于这时的冷却液流动路线长因而称为大循环:水箱→水泵→机油散热器→水套→节温器→大循环水管,如图2-140所示。

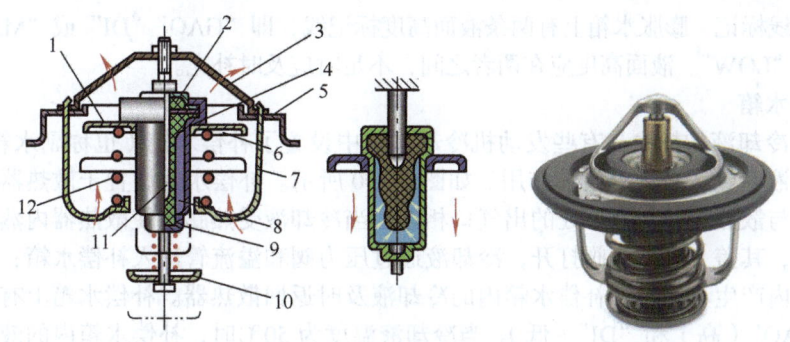

图 2-147 双阀蜡式节温器

1—主阀门 2—盖和密封垫 3—上支架 4—胶管 5—阀座 6—通气孔 7—下支架
8—石蜡 9—感应体 10—旁通阀门 11—中心杆 12—弹簧

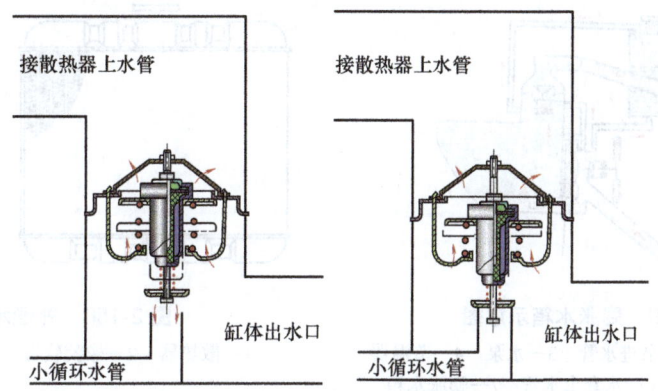

图 2-148 节温器的工作原理

混合循环 当发动机内冷却液处于上述两种温度之间时,主阀门和旁通阀均部分打开,冷却液的大小循环同时存在,此时冷却液的循环称为混合循环,如图 2-141 所示。

（四）冷却系的附件结构与作用

1. 膨胀水箱

（1）作用 为防止防冻液的损失,有些发动机在冷却系中设置了膨胀水箱,如图 2-149 所示。其作用是密封冷却系统,并给冷却液提供一个膨胀空间,减少冷却液的溢失；避免空气不断进入引起机件氧化腐蚀、穴蚀；使冷却系统中的液、气分离,保持系统内压力稳定,提高水泵的泵液量。

（2）构造 膨胀水箱用透明塑料制成,设置于散热器的一侧且位置略高于散热器。透过箱体可直接观察到液面高度,无需打开散热器盖。膨胀水箱上端通过水套出气管 5 和散热器出气管 8 分别与缸盖水套及散热器上储液室相通。膨胀水箱下端通过补充冷却液管 9 与旁通管 10 及水泵进水管 2 相通。

（3）工作原理 膨胀水箱位置略高于散热器,在膨胀水箱液面上方有一定的空间,由于膨胀水箱温度较低,当发动机工作时,在散热器和水套内产生的蒸汽通过出气管 8 和 5 进入膨胀水箱后冷凝成液体,不仅及时得到了液、气分离,而且冷凝后的冷却液通过补充冷却液管 9 进入水泵。同时,积聚在膨胀水箱液面上的气体起缓冲作用,使冷却系内压力保持稳定状态。

由于水泵冷却液的吸取侧压力低,易产生蒸汽泡,使水泵的出液量显著下降,并引起水泵叶轮和水套的穴蚀,在其表面产生麻点或凹坑,缩短了叶轮和水套的使用寿命。而加装膨胀水箱后,由于补充冷却液管 9 向水泵输送冷却液,使水泵避免了气泡的产生。

（4）刻线标记　膨胀水箱上有两条液面高度标记线，即"GAO""DI"或"MAX""MIN"或"FULL""LOW"。液面高度应在两者之间，不足时应及时补充。

2. 补偿水箱

为防止冷却液的损失，有些发动机冷却系统中设置了补偿水箱（也称副水箱），对散热器内的冷却液起到了自动补偿的作用。如图2-150所示。补偿水箱设置于散热器一侧，它通过橡胶软管与散热器盖加水口处的出气口相连。当冷却液受热膨胀使散热器内蒸汽压力升高到某一值时，其盖上的压力阀打开，冷却液通过压力阀和溢流管进入补偿水箱；而当温度降低、散热器内产生真空时，补偿水箱内的冷却液及时返回散热器。补偿水箱上有两条刻线标记，即"GAO"（高）和"DI"（低）。当冷却液温度为50℃时，补偿水箱内的液面高度不得低于"DI"；当冷却液温度为室温时，补偿水箱内的液面高度不应超过"GAO"，但补偿水箱对穴蚀无明显改善。

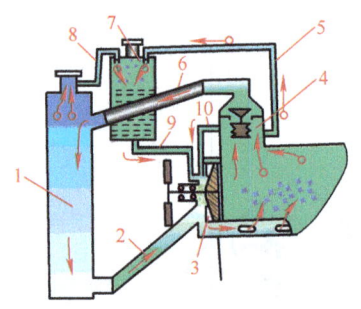

图2-149　膨胀水箱示意图

1—散热器　2—水泵进水管　3—水泵　4—节温器
5—水套出气管　6—水套出水管　7—膨胀水箱
8—散热器出气管　9—补充冷却液管　10—旁通管

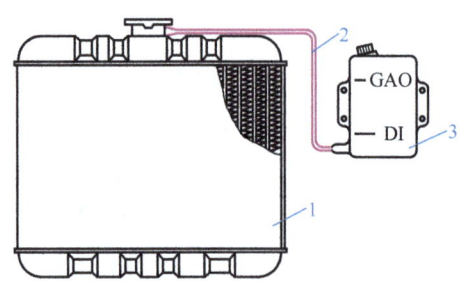

图2-150　补偿水箱

1—散热器　2—橡胶软管　3—补偿水箱

3. 冷却风扇

（1）作用

冷却风扇通常安装在发动机与散热器之间，与水泵同轴驱动。

冷却风扇的作用是提高流经散热器的空气流速和流量，加快散热器中冷却液的冷却，同时适当冷却发动机外壳及附件。

对风扇的要求是：有足够的风量和风压，效率高、噪声小，消耗发动机的功率少。

（2）构造

发动机水冷系统通常采用低压头、大风量、高效率的轴流式风扇，如图2-151所示。在风扇外围设有导风罩，使冷却风扇吸进的空气全部通过散热器，提高风扇效率。

4. 风扇离合器

（1）作用

为了控制冷却风扇的转速，发动机上安装有各种自动风扇离合器，可根据发动机温度自动控制风扇转速，改变通过散热器的空气流量，从而改变冷却强度。

风扇离合器不仅能减少发动机功率损耗，节省燃料，还能降低发动机噪声，延长发动机使用寿命。

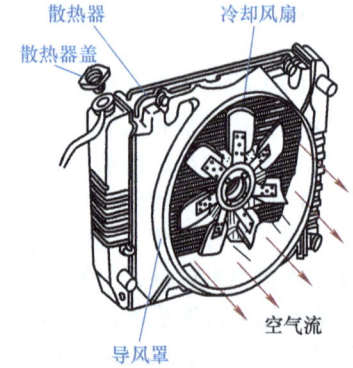

图2-151　冷却风扇与导风罩

（2）构造及原理

图2-152所示为常用的硅油风扇离合器，安装在风扇与水泵之间，由主动部分、从动部分和控制部分组成。

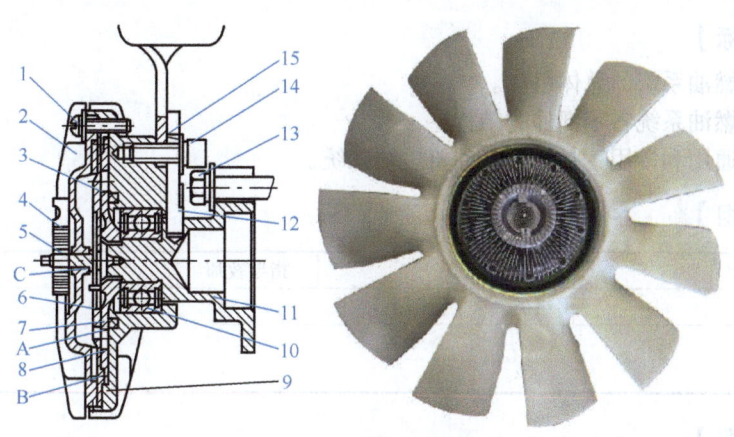

图 2-152 硅油风扇离合器

1—螺钉 2—风扇 3—内六角螺钉 4—螺栓 5—锁止板 6—主动轴 7—轴承 8—壳体 9—从动板
10—主动板 11—阀片 12—阀片轴 13—双金属感温器 14—密封毛毡圈 15—前盖
A—进油孔 B—回油孔 C—漏油孔

硅油风扇离合器利用硅油高黏度的特性传递转矩，通过感温器感应散热器后面的空气温度，自动控制风扇离合器的分离和接合。温度低时，硅油不流动，风扇离合分离，风扇转速减慢，基本上是空转；温度高时，硅油使风扇离合器接合，使风扇与水泵轴一起旋转，起到调节发动机温度的作用。

硅油风扇离合器的感温元件是双金属螺旋弹簧感温器，其工作过程是：当流经散热器的空气温度升高时，即冷却液温度升高时，双金属螺旋弹簧感温器受热变形，迫使阀片轴相对于从动板转动，从而带动阀片转动，打开从动盘上的进油孔，从动盘与前盖之间储存的硅油便流入主动盘与从动盘之间的工作腔，离合器接合，风扇转速升高。空气温度越高，进油孔开度越大，风扇转速就越快。当流经散热器的空气温度下降时，双金属螺旋弹簧感温器恢复原状，阀片关闭进油孔，在离心力作用下，硅油经回油孔从工作腔返回储油腔，离合器分离，风扇转速降低。

5. 百叶窗

百叶窗安装在散热器前面，由许多片活动挡板组成。挡板垂直或水平安装，由驾驶人通过装在驾驶舱内的手柄操纵调节挡板的开度，也可用感温器自动控制。在冬季，当冷却液温度过低时，由于节温器的作用使冷却液只进行小循环，散热器中的冷却液有冻结的危险，此时关闭百叶窗可使冷却液温度回升。

知识拓展

在强制循环式水冷却系中，运用百叶窗、自动风扇离合器和节温器等冷却强度调节装置来调节冷却液温度。其中，节温器调节通过散热器的冷却液流量，百叶窗和自动风扇离合器调节通过散热器的冷却空气流量。

子任务 5　燃油系统零件的安装

【情境描述】

客户反映某重型货车行驶中出现动力不足，发动机故障指示灯点亮，加速踏板踩到底发动机转速最高加到 1500r/min。到服务站检修，连接诊断仪，发报故障码"轨压正偏差"。进一步检查，发现发动机流量计量单元出现机械卡滞，导致发动机轨压低报出故障码，ECU 限制发动机功率，需要进行油路清洗与流量计量单元更换。

【学习目标】

1. 能认识燃油系统的总体组成。
2. 能认识燃油系统各零部件的结构。
3. 能使用通用和专用工具装配柴油机燃油系统。

【任务分组】

班级		组号		指导教师	
组长		组员			
任务分工					

【获取信息】

引导问题1：进油计量比例电磁阀的作用

引导问题2：高压油泵的作用

引导问题3：喷油器的安装步骤
第1步：
第2步：
第3步：

【工作实施】

引导问题4：WP10柴油机高压共轨系统装配
第1步：
第2步：
第3步：
第4步：
第5步：
第6步：

【相关知识】柴油机高压共轨系统的构造

一、柴油机燃料供给系统概述

1. 柴油机燃料供给系统的功用

柴油机燃料供给系统的功用是完成燃料的贮存、滤清和输送工作，按柴油机各种不同工况的要求，定时、定量并以一定的喷油压力将柴油喷入燃烧室，使其与空气迅速而良好地混合和燃烧，最后使废气排入大气中。

2. 可燃混合气的形成与燃烧特点

柴油机可燃混合气的形成和燃烧都是直接在燃烧室内进行的。可燃混合气形成方法有：空间雾化和油膜蒸发。

柴油燃烧的主要特点是：

1）燃料的混合和燃烧是在气缸内进行的。
2）混合与燃烧的时间很短 0.0017~0.004s（气缸内）。
3）柴油黏度大，不易挥发，必须以雾状喷入。
4）可燃混合气的形成和燃烧过程是同时、连续、重叠进行的，即边喷射，边混合，边燃烧，如图 2-153 所示。

3. 可燃混合气的形成与燃烧的四个时期

图 2-154 所示为柴油机压缩行程和做功行程中，气缸内压力 p 随曲轴转角 θ 变化的关系曲线。通常将混合气形成与燃烧过程按曲轴转角划分为四个阶段。

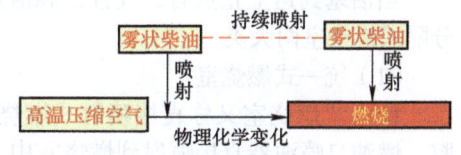

图 2-153　混合气的形成过程

（1）备燃期 Ⅰ

从喷油始点 A 到燃烧始点 B 之间的曲轴转角称为备燃期。喷入气缸中的雾状柴油并不能马上着火燃烧，柴油在高温空气的影响下，吸收热量，温度升高，逐层蒸发而形成油气，向四周扩散并与空气均匀混合（物理变化）。

随着柴油温度升高，少量的柴油分子首先分解，并与空气中的氧分子进行化学反应，具备着火条件而着火，形成了火源中心，为燃烧做好准备。这一时期很短，一般仅为 0.0003～0.0007s。

（2）速燃期 Ⅱ

速燃期是指从出现火焰中心到产生最大压力时为止，即 B、C 两点间的曲轴转角。火源中心已经形成，已准备好了的混合气迅速燃烧，在这一阶段由于喷入的柴油几乎同时着火燃烧，而且是在活塞

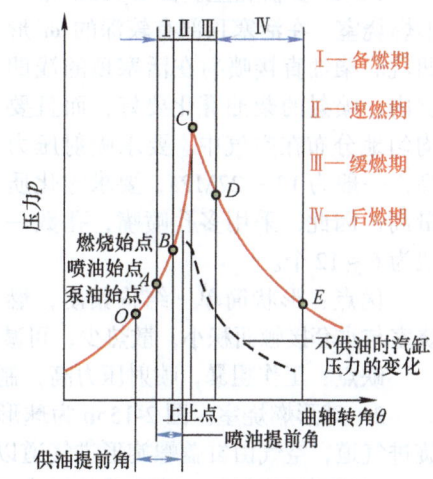

图 2-154　气缸压力与曲轴转角的关系

接近上止点，气缸工作容积很小的情况下进行燃烧的，因此，气缸内的压力 P 迅速增加，温度升高很快。

（3）缓燃期 Ⅲ

缓燃期是从最高压力点到最高温度点 D 之间的曲轴转角。这一阶段喷油器继续喷油，由于燃烧室内的温度和压力都高，柴油的物理和化学准备时间很短，几乎是边喷射边燃烧。但因为气缸中氧气减少，废气增多，燃烧速度逐渐减慢，气缸容积增大。所以气缸内压力略有下降，温度达到最高值，通常喷油器已结束喷油。

（4）后燃期 Ⅳ

从缓燃期终点 D 起到燃料基本上烧完时的 E 点止称为后燃期。这一时期，虽然不喷油，但仍有一少部分柴油没有燃烧完，随着活塞下行继续燃烧。后燃期没有明显的界限，有时甚至延长到排气行程还在燃烧。后燃期放出的热量不能充分利用来做功，很大一部分热量将通过缸壁散至冷却液中，或随废气排出，使发动机过热，排气温度升高，造成发动机动力性下降，经济性下降。因此，要尽可能地缩短后燃期。

知识拓展

混合气形成的好坏是燃烧过程进行得好坏的关键，由可燃混合气的形成与燃烧过程得知，备燃期短，速燃期压力升高快才能使发动机动力性和经济性好、工作柔和、不冒烟。

因为柴油挥发性差，混合时间短，要求混合均匀，燃烧完全就必须要求喷射压力高，雾化好，喷射质量要满足燃烧室形状的要求。

4. 燃烧室

由于柴油的混合气形成和燃烧都是在燃烧室内进行的，故燃烧室结构形式直接影响混合气的品质和燃烧状况，按结构形式的不同，柴油机燃烧室分成直接喷射式和分隔式两大类。

当活塞到达上止点时，气缸盖和活塞顶组成的密闭空间称为燃烧室，有统一式燃烧室和分隔式燃烧室两大类。

(1) 统一式燃烧室

统一式燃烧室又称直接喷射式燃烧室，由凹形活塞顶部与气缸盖底部所包围的单一内腔。燃油自喷油器直接喷射到燃烧室中，借助油束形状和燃烧室形状的匹配，以及燃烧室内空气涡流运动，迅速形成混合气。根据活塞顶部形状又分为以下3种形式：

1) ω形燃烧室。图2-155a为ω形燃烧室，在活塞顶部有较深的ω形凹坑。柴油直接喷射在活塞顶的浅凹坑内，喷射的柴油雾化要好，而且要均匀地分布在空气中。要求喷射压力高，一般为17～22MPa，要求雾化质量高，因此，采用多孔喷嘴，孔数一般为6～12个。

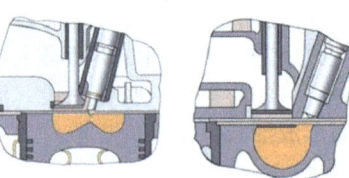

a) ω形燃烧室　　b) 球形燃烧室　　c) U形燃烧室

图 2-155　直接喷射式燃烧室

优点：形状简单，结构紧凑，燃烧室与水套接触面积小，散热少，可减少热损失，热效率高，经济性较好。

缺点：工作粗暴，喷射压力高，制造困难，喷孔易堵。

2) 球形燃烧室。图2-155b为球形燃烧室，在活塞顶部有球形凹坑。球形燃烧室配以螺旋进气道，空气由缸盖螺旋形进气道以切线方向进入气缸，绕气缸轴线作高速螺旋转动，并一直延续到压缩行程。喷油器沿气流运动的切线方向喷入柴油，使绝大部分柴油直接喷射在燃烧室壁面上形成油膜。小部分柴油雾珠散布在压缩空气中，并迅速蒸发燃烧，形成火源。油膜一方面受灼热的燃烧室壁面的加温，同时又受已燃柴油的高温辐射，使柴油逐层蒸发，与涡流空气边混合边燃烧。

优点：工作柔和，噪声小，又叫轻声发动机。

缺点：起动困难，螺旋形进气道，结构复杂，制造困难。

3) U形燃烧室：U形燃烧室的特点介于ω形燃烧室和球形燃烧室之间。

图2-155c所示为U形燃烧室，也叫复合式燃烧室，主要在活塞顶部有U形凹坑。U形燃烧室混合气形成和燃烧过程与球形燃烧室相比，主要特点是：喷射燃油的方向基本与空气流动的方向垂直，只有很小的顺流趋势；燃油的一部分是靠旋转的气流甩洒在燃烧室壁面上形成均匀的油膜，然后蒸发形成混合气燃烧；燃油的另一部分分散在高温的空气中，首先形成混合气燃烧。形成油膜的燃油量的多少，与气流的旋转速度有关。柴油机在高速时，以油膜蒸发燃烧为主，类似于球形燃烧室，工作柔和平稳，而且高速旋转的气流亦有分离废气与新鲜空气的作用；当柴油机在低速或起动时，由于空间形成混合气的燃油量增多，类似于U形燃烧室，雾化良好、易起动。

(2) 分隔式燃烧室

分隔式燃烧室由两部分组成。一部分位于活塞顶与气缸底面之间，称为主燃烧室；另一部分在气缸盖中，称为副燃烧室。这两部分由一个或几个孔道相连。分隔式燃烧室的常见型式有：涡流室式燃烧室和预燃室式燃烧室。

1) 涡流室式燃烧室。图2-156a是涡流室式燃烧室，其由主燃烧室和副燃烧室组成。副燃烧室是球形或圆柱形的涡流室，其容积约占燃烧室总容积的50%～80%，涡流室有切向通道与主燃烧室相通。在压缩行程中，气缸内的空气被活塞推挤，经过通道进入涡流室，形成强烈的有组织的高速旋转运动，柴油喷入涡流室中，在空气涡流的作用下，形成较浓的混合气。部分混合气在涡流室中着火燃烧，已燃与未燃的混合气高速（经通道）喷入主燃烧室，借活塞顶部的双涡流凹坑,产生第二次涡流,促使进一步混合和燃烧。

要求:顺气流方向喷射,由于涡流运动促进了混合气的形成与燃烧,可采用较大孔径的喷油器,喷射压力也较低(12~14MPa)。

优点:工作柔和,空气利用率较高,喷射压力也较低。

缺点:热损失大,经济性差,起动困难。

2)预燃室式燃烧室。图2-156b是预燃室式燃烧室,其由预燃室和主燃烧室组成。缸盖上有预燃室,占燃烧室总容积的1/3,预燃室与主燃室有通道,活塞为平顶。因为通道不是切向的,所以压缩时不产生涡流。连通预燃室与主燃室的孔道直径较小,由于节流作用产生压力差,使预燃室内形成紊流运动,油束大部分射在预燃室的出口处,只有少部分与空气混合(出口处较浓,而上部较稀),上部着火后,产生高压,已燃的混合气和出口处较浓的混合气一同高速喷入主燃烧室,在主燃烧室内产生强烈的燃烧扰流运动,使大部分燃料在主燃烧室内混合和燃烧。优缺点与涡流室燃烧室基本相同。

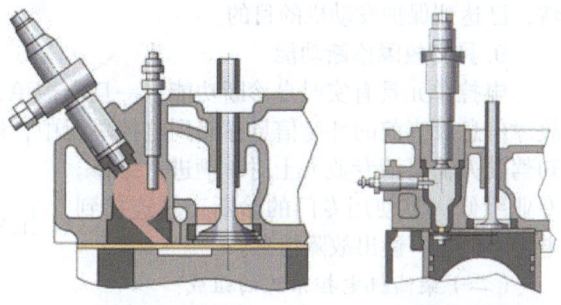

a)涡流室式燃烧室　　b)预燃室式燃烧室

图2-156　分隔式燃烧室

二、柴油机电控系统概述

(一)柴油机电控系统的优点

柴油机电子控制技术的发展和应用,使柴油机技术水平进入一个新的历史阶段。柴油机电控系统从最基本的燃油喷射控制,即喷油量控制和喷油正时控制,已扩展到对喷油效率控制和喷油压力控制在内的多项目标控制的燃油喷射控制,从单一的燃油喷射控制扩展到怠速控制、进气控制、增压控制、排放控制、起动控制、故障自诊断、失效保护等综合控制在内的全方位集中控制。与传统柴油机相比,现代柴油机具有燃油经济性更高、排放污染更低、工作更可靠、低温起动更容易等优点。

1. 提高发动机动力性和经济性

柴油机电控系统中,ECU根据传感器信号精确计算喷油量和喷油正时。从而提高发动机的动力性和经济性。

2. 降低发动机氮氧化物和烟度的排放

采用柴油机电控技术,可精确地将喷油量控制在不超过冒烟界限的适当范围内,同时根据发动机工况调节喷油时刻,从而有效地抑制排烟。

3. 减小了噪声

传统发动机噪声大,但采用电子控制柴油技术和预喷射技术相结合后,柴油机的工作噪声被有效地减小。

4. 改善发动机低温起动性

电控系统采用冷却液温度传感器的信号,确定发动机是否处于低温状态,并以此来控制进气预热装置的工作,从而使柴油机低温起动更容易。

5. 提高发动机运转稳定性

采用柴油机电控系统,无论负荷怎样增减,都能保证发动机怠速工况下以最低转速稳定运转,有利于提高其经济性。

6. 控制涡轮增压

采用电子控制技术可以对增压装置进行精确地控制。

7. 适应范围广

只要改变 ECU 的控制程序和数据，一种喷油泵就能广泛用在各种柴油机上，而且柴油机燃油喷射控制可与变速器控制、怠速控制等各种控制系统进行组合实现集中控制，有利于缩短柴油机电控系统开发周期，并降低成本，从而扩大柴油机电控系统的应用范围。

8. 具有自动保护功能、失效安全策略

当各种信号输入装置向电子控制单元指示系统反馈的参数超过正常参数范围值时，ECU 将向驾驶人发出报警信号，并启用失效安全策略，减小发动机功率，甚至使发动机停止运转，已达到保护发动机的目的。

9. 具有故障诊断功能

电控单元具有实时自诊断功能，一旦电控单元检出传感器、插接器或线路故障时，会将故障信息及当前的环境信息存储到电控单元中，同时仪表板上的发动机故障指示灯点亮，通知驾驶人需要请专业人士对车辆进行维修。专业维修人员使用专门的诊断工具连接到电控单元上，读出故障信息。

（二）柴油机电控系统的组成

柴油发动机电控系统由信号输入装置、电控单元（ECU）和执行元件三部分组成，如图 2-157 所示。

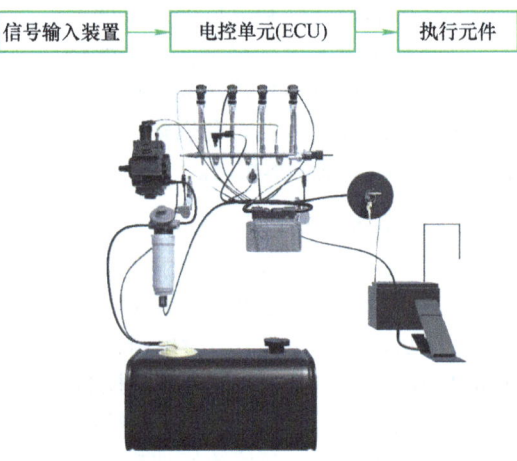

图 2-157　柴油机电控系统组成

1. 信号输入装置与输入信号

电控系统中的信号输入装置是各种传感器和各种开关，其作用是检测发动机、车辆运行状态以及驾驶人的操作指令（动作），并转换成电信号及时输送给 ECU。其装置主要有：

1）加速踏板位置传感器检测加速踏板的位置，即发动机的负荷信号，此信号输入 ECU 后，与转速信号共同决定柴油发动机的喷油量及喷油提前角，是柴油机电控系统的主控制信号。

2）曲轴、凸轮轴位置传感器检测曲轴转速和凸轮轴位置，与加速踏板位置传感器共同决定喷油量和喷油提前角，是柴油发动机电控系统的主控制信号。

3）冷却液温度传感器检测发动机冷却液温度，修正喷油量及喷油正时。

4）进气温度传感器检测进气温度，以修正喷油量及喷油正时。

5）进气压力传感器检测进气压力，以修正喷油量及喷油正时，另外此传感器的信号也可以用来判断空气滤芯是否堵塞。

6）增压压力传感器用于采用增压技术的发动机，检测增压后的空气压力，以修正喷油量及喷油正时。

7）增压温度传感器用于采用增压技术的发动机，检测增压后的空气压力，以修正喷油量及喷油正时。

8）共轨压力传感器测量共轨管内燃油压力，以修正喷油量及喷油正时。

9）燃油压力传感器测量低压油路燃油的压力，以判断燃油滤芯是否堵塞。

10）机油压力传感器或机油压力开关检测机油压力，用于控制机油压力指示灯。

11）A/C 开关，空调开关，向 ECU 输入空调工作状态信号，是怠速控制信号之一。

2. 电控单元（ECU）

电控单元（ECU）是一种综合控制电子装置，其功用是给各种传感器提供参考（基准）电压，接受传感器或其他装置输入的电信号，并对所接受的信号进行储存、计算和分析处理，根据计算和分析结果向执行元件发出指令。

3. 执行元件

执行元件是受电子控制单元控制，具体执行某项控制功能的装置，例如喷油器电磁阀、燃油计量比例电磁阀、进气预热装置等。

（三）柴油机电控系统的类型

柴油机电控系统分为位置控制式、时间控制式和高压共轨系统三种类型。

1. 位置控制式柴油机电控系统

位置控制式电控柴油喷射系统是第一代电控柴油喷射系统，在该系统中仍保留着喷油泵、高压油管、喷油器、控制齿条、齿圈、滑套、柱塞上的螺旋槽等油量控制机构，齿条或滑套的移动位置由原来的机械控制改成电控。ECU根据滑套位置传感器输入的信号驱动油量调节器调节供油量，主要用于电控直列泵、电控分配泵系统。

2. 时间控制式柴油机电控系统

（1）电控单体泵系统（Electronic Unit Pump，EUP）

如图 2-158a 所示，电控单体泵系统每缸安装 1 个单体泵，六缸发动机有 6 个单体泵，四缸发动机有 4 个单体泵，每个单体泵上安装有 1 个电磁阀。单体泵体由发动机凸轮轴驱动，推动柱塞在柱塞套内往复运动，产生喷射所需的高压，电磁阀的通电断电由 ECU 控制，ECU 根据各种传感器输入的信号控制电磁阀的通电时刻和电磁阀持续通电时间，从而来控制喷油正时和喷油量。电控单体泵属于时间控制式，是第二代电控柴油喷射系统，单体泵喷油压力可达 180MPa。

（2）电控泵喷嘴系统（Electronic Unit Injection，EUI）

电控泵喷嘴系统将喷油泵、喷油嘴和电磁阀组合在一起，没有高压油管，每缸安装 1 个泵喷嘴，四缸机有 4 个泵喷嘴，六缸机有 6 个泵喷嘴，每个泵喷嘴上安装 1 个电磁阀，如图 2-158b 所示。泵喷嘴由安装在气缸盖上的凸轮轴摇臂驱动。喷油正时和喷油量由泵喷嘴电磁阀的通电时刻和持续通电时间决定，由 ECU 根据各种传感器输入的信号和加速踏板位置信号来控制。电控泵喷嘴系统是时间控制式柴油机电控系统，由于没有高压油管，所以具有很高的机械强度，喷油压力可达 200MPa。

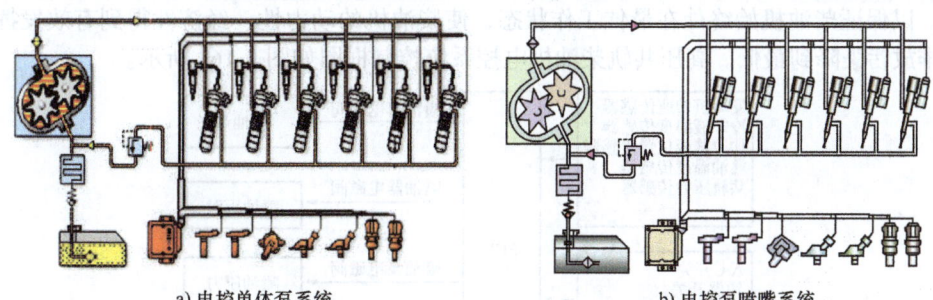

a) 电控单体泵系统　　　　b) 电控泵喷嘴系统

图 2-158　时间控制式柴油机电控系统

3. 高压共轨柴油机电控系统（Common Rail Fuel System，CRFS）

高压共轨柴油机电控系统是一种燃油喷射压力与发动机转速、负荷无关的供油方式，即喷射压力的产生和喷射过程相互分开。如图 2-159 所示，在该系统中，高压油泵把高压燃油输送到共轨管中，油轨内的高压燃油直接输送到喷油器，喷油器上装有电磁阀，ECU 根据各种传感器信号控制喷油器电磁阀的通电时刻和持续通电时间,从而来控制喷油器的喷油正时和喷油量。高压油泵上也装有1个电磁阀,称为进油计量比例电磁阀,ECU通过控制进油计量比例电磁阀通电电流的大小,控制进入到高压油泵的油量,使高压油泵按照发动机工况产生必需的高压油送到共轨管中。高压共轨系统是时间—压力式柴油机电控系统。

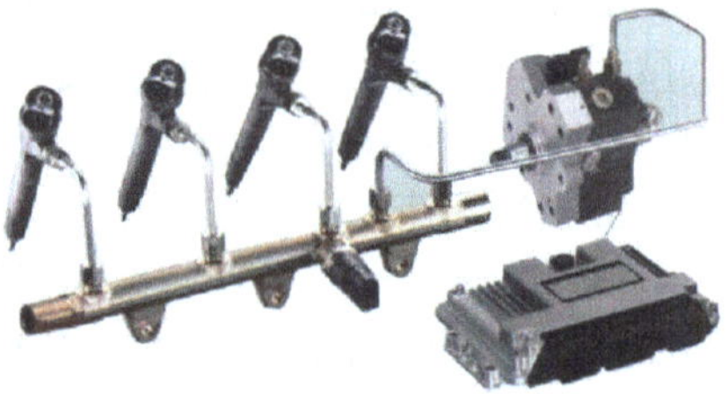

三、高压共轨柴油机电控系统

（一）高压共轨柴油机电控系统概述

图 2-159　高压共轨柴油机电控系统

高压共轨柴油机油路部分主要由输油泵、高压油泵、共轨管和喷油器等组成,如图 2-160 所示。低压燃油由电动输油泵从燃油箱中抽出后经柴油滤清器输送到高压油泵,再经高压油泵将燃油加压至高压,然后泵入高压共轨内,储存在共轨内的燃油在适当的时刻通过喷油器喷入柴油机气缸。

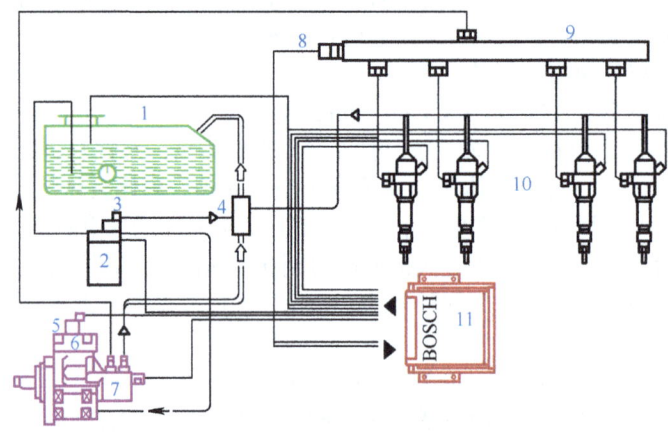

图 2-160　高压共轨柴油机电控系统管路布置

1—燃油箱　2—燃油滤清器　3—回油阀　4—回油三通　5—进油计量比例电磁阀　6—高压油泵
7—输油泵　8—共轨压力传感器　9—高压共轨　10—喷油器　11—电控单元

高压共轨柴油机电控系统由各种传感器、ECU 和执行器组成。各种传感器将柴油机的实际运行状态转变为电信号输入 ECU,ECU 根据预置的程序进行运算,确定适合于该工况下的最佳喷油量、喷油时刻、喷油压力等参数,再向喷油器、喷油泵发出指令,精确控制喷油过程,以保证柴油机始终处在最佳工作状态,使柴油机的动力性、经济性得到有效发挥,并且使排放污染降到最低。高压共轨柴油机电控系统控制框图如图 2-161 所示。

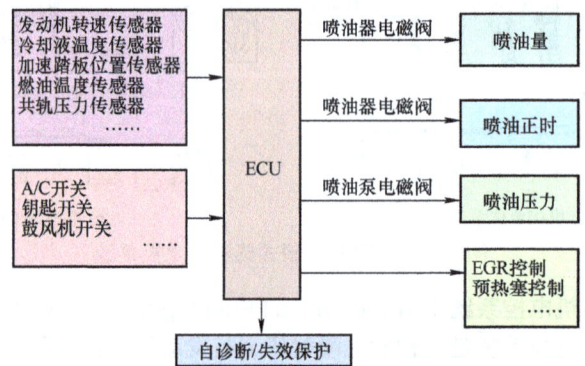

图 2-161　高压共轨柴油机电控系统控制框图

此外，ECU还通过共轨压力传感器对共轨管内的油压进行监测，并通过控制进油计量比例电磁阀电流的大小，使共轨内的油压保持为预定的压力，实现对共轨压力的闭环控制。在共轨系统中，喷射压力的产生和喷射过程是彼此独立的，共轨的供油方式使得喷油压力与柴油机转速和负荷无关，喷油量取决于喷油压力和喷油器电磁阀的持续通电时间的长短。

（二）高压共轨柴油机电控系统的主要部件及其结构

1. 输油泵

输油泵的作用是向高压泵提供充足的燃油，目前输油泵主要有两种类型，即电动输油泵和齿轮泵。

（1）电动输油泵

电动输油泵的结构如图2-162所示。燃油泵安装于油箱中。与燃油滤清器、调压器和燃油泵电机等集成于一体。工作时电动机带动油泵叶轮压缩燃油，燃油泵停止时，单向阀关闭，以维持燃油管里的初始压力，使柴油机重新起动更为容易。若没有采用压力燃油，则高温时很容易出现气阻，使柴油机重新起动变得很困难，当出油口一侧压力过高时，安全阀开启，防止燃油压力过高。当柴油机起动过程开始时，电动输油泵就开始运行，且不受柴油机转速影响，电动输油泵持续从油箱中抽出燃油，经燃油滤清器送往高压泵。

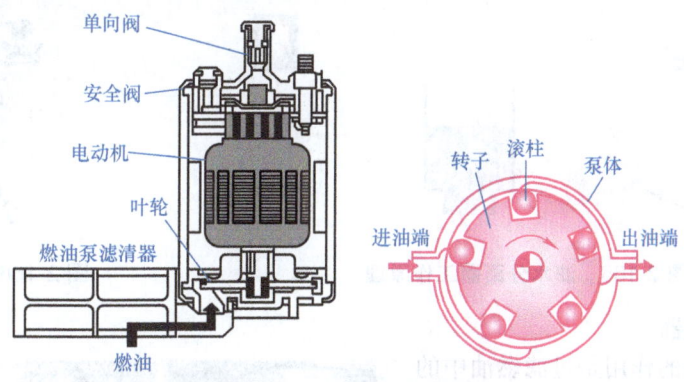

图2-162　电动输油泵的结构

（2）齿轮泵

齿轮泵由发动机通过传动带驱动，如图2-163所示，有内啮合、外啮合齿轮两种结构方式；结构由壳体、齿轮、进油口、限压阀、出油口等组成；发动机转动，经过带轮驱动，两相互啮合齿轮脱开啮合部位容积增大进油，进入啮合部位容积减小压力增加燃油输出，整合在泵中的限压阀，作用是保持燃油系统的正确压力。

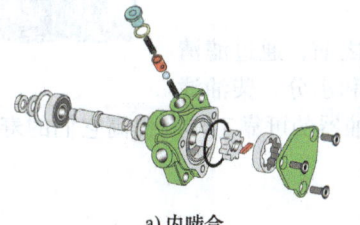 

a) 内啮合　　　b) 外啮合

图2-163　齿轮泵

2. 油水分离器

与其他喷射系统一样，共轨同样需要一个带有油水分离的燃油滤清器，带有油水分离的燃油滤清器可以把水从水分收集器中排出。当带有油水分离的燃油滤清器的水分收集器水位到达一定高度时，通过警告灯来提示自动报警装置，告知驾驶人需进行水分收集器排水，其结构如图2-164所示。

当燃油中的水分在油水分离器内到达传感器两电极的高度时，利用水的可导电性将两个电极短路，此时水位警告灯点亮，提示驾驶人放水。其工作原理如图2-165所示。

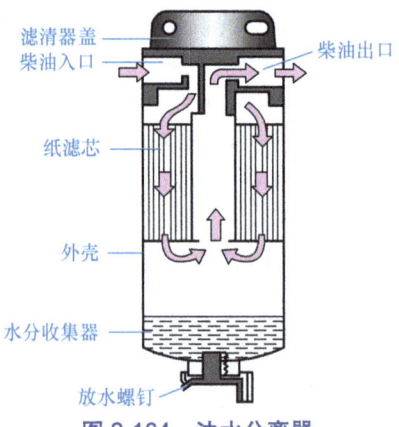

图 2-164 油水分离器

油水分离器上方装有手油泵，如图 2-166 所示，作用是在柴油机燃油供给系统维修等作业项目后，排出低压油路中的空气，或检测低压油路故障。

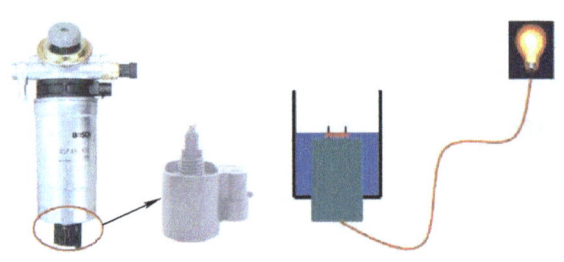

图 2-165 油水分离器工作原理

图 2-166 手油泵

3. 燃油滤清器

燃油滤清器的作用是过滤燃油中的杂质、污垢，结构如图 2-167 所示，工作原理如图 2-168（单级过滤）、图 2-169（两级过滤）所示。

图 2-167 燃油滤清器

柴油在进入喷油泵之前，通过滤清器清除其中的机械杂质和水分。柴油滤清器对保证喷油泵和喷油器的可靠工作及提高它们的寿命有重要作用，大部分柴油发动机中备有粗、精两级滤清器。

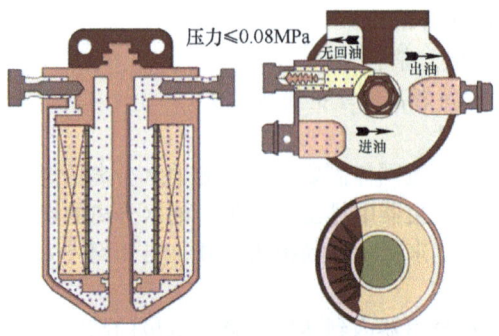

图 2-168 单级燃油滤清器

柴油滤清器一般都是过滤式的，滤芯的材料有绸布、毛毡、金属网及纸质等。由于纸质滤芯是用树脂浸制而成，具有滤清效果好、成本低等特点，因而得到广泛的应用。

柴油滤清器多串联在输油泵和喷油泵之间，安装位置多在喷油泵附近，而且偏高，有利于存油、预热和防止结蜡。

滤清器工作原理如图 2-168 所示，为微孔纸芯单级滤清器，由微孔滤纸制成的滤芯装在滤清器盖与底部的弹簧座之间，并用橡胶圈密封。由输油泵来的柴油经进油管接头进入壳体，再渗透滤芯进入滤芯内腔，最后经出油管接头输出至喷油泵。当管路油压超过溢流阀的开启压力（0.1～0.15MPa）时，溢流阀开启，多余的柴油流回燃油箱，从而保证管路内油压维持在一定的限度内。

图 2-169 所示为 6120 型柴油机上的两级柴油滤清器，它由两个结构基本相同的滤清器串联而成，两个滤清器盖制成一体。柴油经过第一级纸质滤芯过滤后，再经过第二级航空毛毡和绸布过滤。

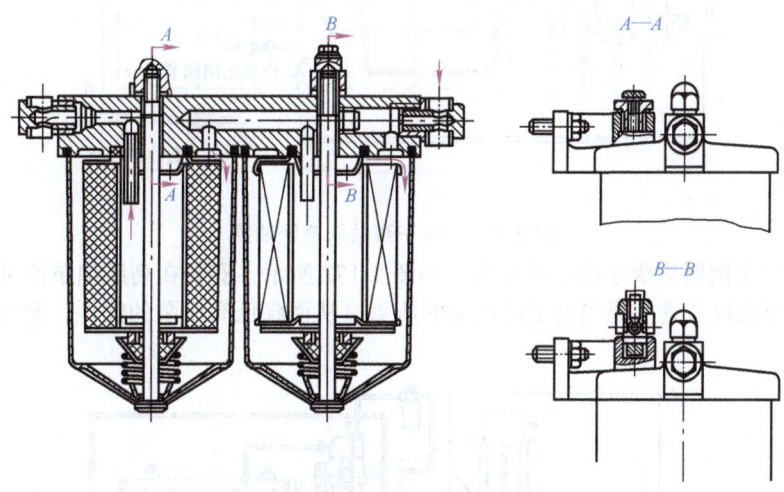

图 2-169 两级柴油滤清器

4. 高压油泵

高压泵位于低压部分和高压部分之间，它的作用是向共轨持续提供符合系统压力要求的高压燃油，以及快速起动过程和共轨中压力迅速升高时所需的燃油储备。高压油泵通常采用转子式油泵（一般用于小型柴油机）和凸轮驱动的直列柱塞泵（一般用于大型柴油机）。

（1）转子式高压油泵

图 2-170 所示是一种在博世公司高压共轨系统中使用的转子式高压油泵。燃油是由高压油泵内 3 个相互呈 120°径向布置的柱塞压缩提供的。

转子式高压油泵中的三个泵油柱塞在驱动凸轮的驱动下进行往复运动，每个柱塞有弹簧对其施加作用力，目的是减小柱塞的振动，并且使柱塞始终与驱动轴上的偏心凸轮接触。当柱塞向下运动时，为吸油行程，进油阀开启，允许低压燃油进入泵腔；当柱塞经过下止点后上行时，进油阀被关闭，柱塞腔内的燃油被压缩，只要达到共轨压力就立即打开出油阀，被压缩的燃油经油管进入高压共轨，柱塞到达上止点前，一直泵送

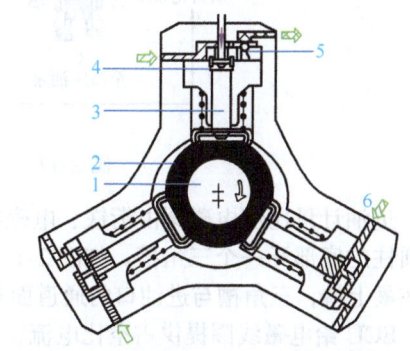

图 2-170 转子式高压油泵的工作原理示意图

1—驱动轴 2—偏心凸轮 3—带油泵柱塞的泵油元件（3组）4—进油阀 5—出油阀 6—进油口

燃油（供油行程），到达上止点后，柱塞开始下行，柱塞腔内的燃油压力下降，出油阀关闭。柱塞向下运动时，剩下的燃油降压，当柱塞腔中的燃油压力低于输油泵的供油压力时，进油阀再次被打开，重复进入下一工作循环。

为了控制共轨压力，在齿轮泵的后面，高压泵的进油口加装了一个进油计量比例电磁阀，通过进油计量比列电磁阀控制进入高压油泵的燃油量来控制共轨压力，如图 2-171 所示。

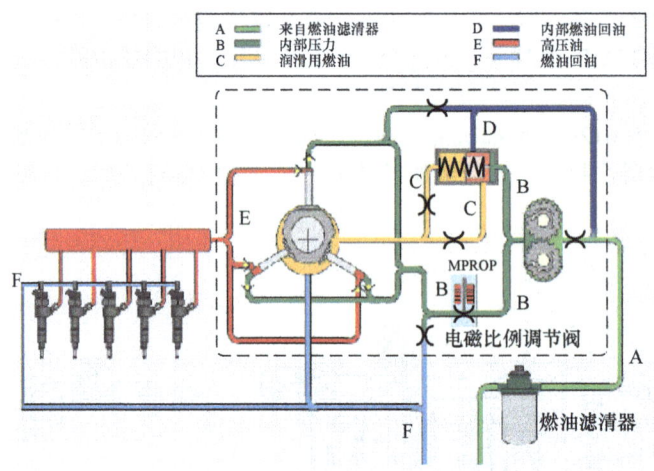

图 2-171 转子泵共轨系统油路

燃油计量比例阀集成于高压油泵内，如图 2-172 所示，安装在高压油泵的进油位置，其优点在于高压泵仅负责生成当前工况所需的压力，从而降低高压泵的能耗，避免不必要的燃油加热。

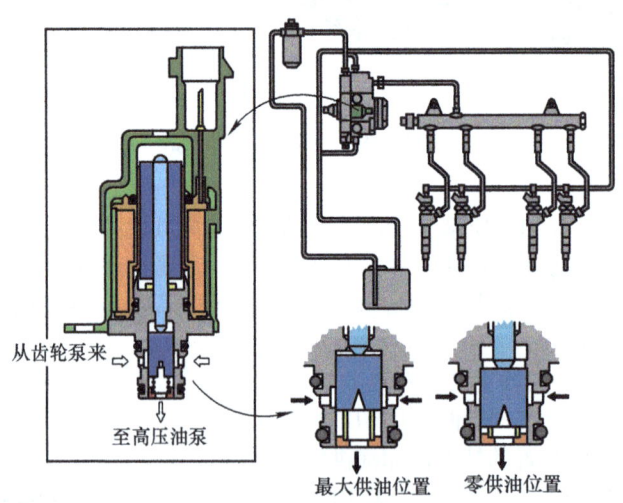

图 2-172 燃油计量比例阀工作原理

进油计量比例电磁阀由衔铁、电磁线圈、阀体、阀芯、弹簧等组成，阀芯为圆柱形，并在圆柱的底部开一个三角槽。如图 2-172 所示，当发动机熄火时，在弹簧力的作用下，阀芯处在最上端，三角槽与进油口的通道面积最大；发动机工作时，ECU 接收共轨压力传感器信号，ECU 给电磁线圈提供占空比电流，线圈产生磁场，对衔铁产生吸力，衔铁下移克服弹簧力推动阀芯下行，控制三角槽与进油口的通道面积，控制进油量的大小。电流越大，磁场越大，阀芯下行量越大，通道面积越小，燃油流量越少。ECU 通过控制占空比的方法控制电磁阀电流的大小。

（2）柱塞式高压油泵

1）柱塞式高压油泵的结构。沃尔沃 D7E 发动机采取的道依茨高压共轨系统，高压油泵是由配气机构凸轮轴上的凸轮（3 个凸起）驱动两个柱塞泵。柱塞式高压泵如图 2-173 所示，由壳体、柱塞、进油口（低压油口）、出油口（高压油口）、I/O 阀、滚轮、回位弹簧等组成。

I/O 阀具体内部结构如图 2-174 所示，由壳体、上单向阀、下单向阀、环形油道、进油通道、单向阀回位簧、联通油道、进油口、高压油口、定位销等组成。

2）柱塞式高压油泵的工作过程。如图 2-174 所示，在发动机配气机构凸轮轴上驱动高压油泵凸轮的驱动下，柱塞不断地上下往复运动；柱塞下行，柱塞上腔产生真空度，上单向阀关闭，下单向阀打开，燃油经过进油道、环形油道、进油通道、经过下单向阀、联通油道进入到柱塞上腔。柱塞上行，

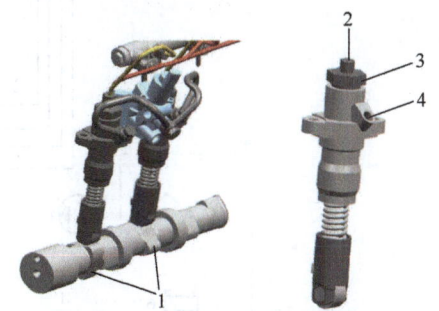

图 2-173　柱塞式高压油泵结构
1—凸轮轴　2—高压油口
3—I/O 阀　4—进油口

产生压力，下单向阀关闭，上单向阀打开，压力油经过上单向阀进入高压油轨；随着柱塞不断上下往复运动，源源不断地将 FCV 阀提供的精确低压燃油转变成高压油进入共轨管。

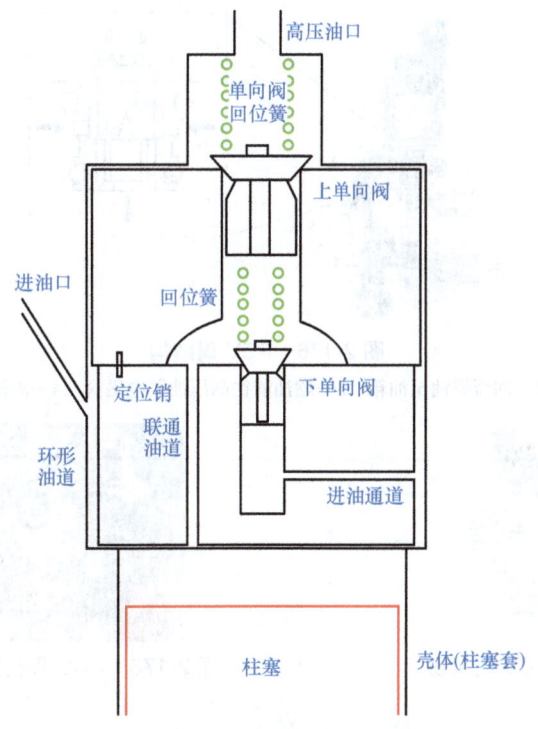

图 2-174　I/O 阀具体内部结构

3）进油计量比例电磁阀。采用柱塞式高压油泵的共轨系统，在低压油路也安装有进油计量比例电磁阀（又称为 FCV 阀），其独立存在没有集成到高压油泵上，如图 2-175 所示，低压油泵从油箱中吸油克服滤清器阻力至 FCV 阀，电控单元接受油轨压力传感器信号，通过控制 FCV 阀电流大小控制流向高压油泵燃油流量，高压油泵将低压油变成高压油至高压油轨，再经高压油管至喷油器。

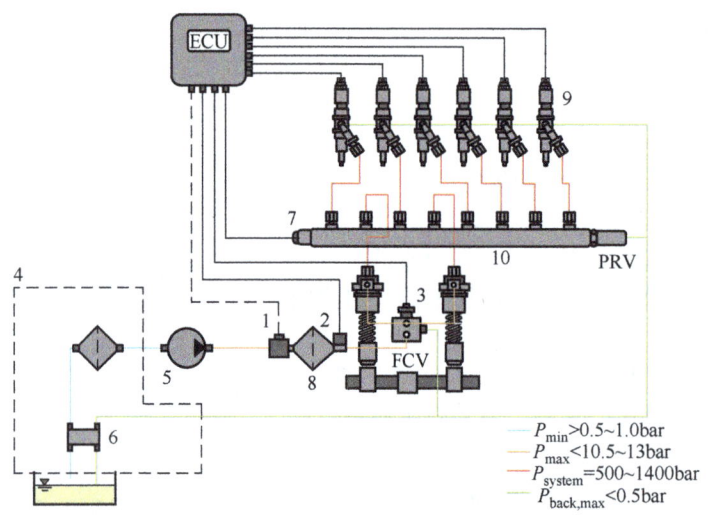

图 2-175 采用柱塞式高压油泵的共轨系统

1—燃油加热器（选装） 2—供油压力器 3—燃油控制阀（FCV） 4—油水分离器 5—燃油泵
6—温控阀（选装） 7—共轨压力传感器 8—滤清器 9—喷油器 10—共轨管

FCV 阀结构如图 2-176 所示，工作原理与转子式高压油泵上的进油计量比例电磁阀相同，这里不再赘述。图 2-177 所示为 FCV 阀实物，图 2-178 所示为 FCV 阀在油路中的连接。

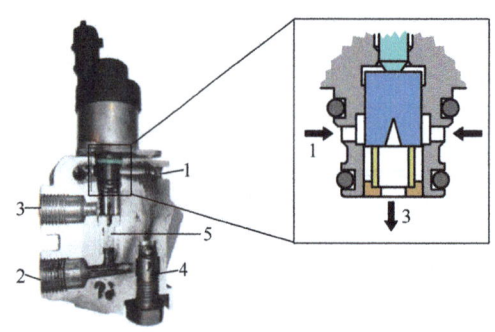

图 2-176 FCV 阀结构

1—燃油进口 2—回流燃油至油箱 3—燃油前往高压油泵电磁阀 4—溢流阀 5—节流口

图 2-177 FCV 阀实物

5. 高压油轨

如图 2-179 所示，带有分配管的高压储能器又称为"油轨"，它由锻钢制成。其作用是在工作中缓冲供油脉冲等引起的压力变化；油槽用来存储高压油泵产生的高压燃油并将它送到各个气缸，公共油槽上装有压力传感器、流量阻尼器、压力限制阀，流

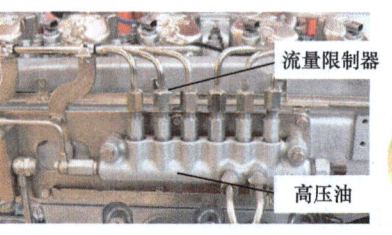

图 2-178 FCV 阀在油路中的连接

图 2-179 高压油轨

量阻尼器连着高压油管把高压油送到喷油器，压力限制器上的油管用于回油，起到安全保护作用。

6. 流量限制器

流量限制器又称为流量阻尼器，安装在共轨管的出口与高压油管之间，作用是用来消除高压油管中的压力脉动，使供给喷油器的油压稳定。当流量过大时，它会切断通路，防止流量异常。

流量限制器的结构如图 2-180 所示。

工作过程如下：

1）不喷油时，高压燃油处在钢球的两侧，压力相等，在弹簧力作用下，滑阀推动钢球顶活塞靠近壳体最左端。

2）喷油器正常喷油时，右侧压力降低，由于节流口作用，活塞两侧存在压差，活塞推动钢球克服弹簧力处于居中间附近位子，燃油不断地由左侧经过节流口至右侧提供喷油器。

3）喷油器异常喷油或管路泄漏造成流量过大时，右侧压力过低，高压差作用在活塞上，活塞与球一起向右移动并与座接触，油的通路就被切断了，起到安全保护作用。

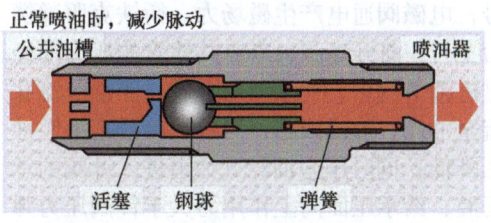

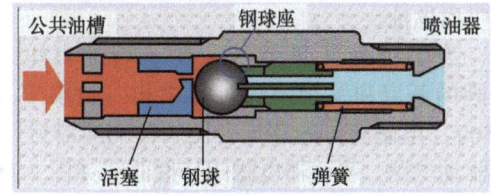

图 2-180 流量限制器的结构

7. 限压阀

限压阀通常安装在高压共轨上，相当于安全阀，其作用是限制共轨中的压力，在压力超过最高允许值以后开启泄压，防止系统内部零件的损坏。限压阀的结构如图 2-181 所示，它通过螺纹接头拧在共轨上，另一端与通往油箱的回油管连接。在标准工作压力下，弹簧通过活塞将锥形阀门紧压在阀座上，限压阀呈关闭状态。只有当共轨中的燃油压力超过系统最大压力时，活塞压缩弹簧使阀门开启，使高压燃油从共轨中流出，从而降低了共轨中的压力。流出的燃油经回油管流回油箱。

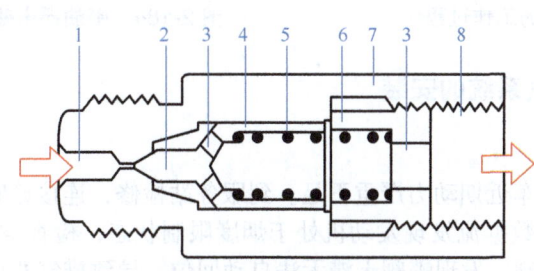

图 2-181 限压阀的结构

1—高压接头 2—锥形阀门 3—通道 4—活塞
5—压力弹簧 6—限位件 7—阀体 8—回油孔

8. 喷油器

喷油器的作用是接收控制单元电信号，把高压燃油精确地喷射到燃烧室。

喷油器的结构如图 2-182 所示。

工作过程如图 2-183 所示。

1)发动机不需喷油,喷油器没有电信号,衔铁在弹簧力的作用下,压紧球阀,关闭泄油通道;来自油轨的高压油,经过进油节流口进入控制活塞上腔,同时压力油经过油道进入针阀的承压腔,因为针阀压力弹簧和控制活塞上腔高压油向下的作用力远大于承压腔向上作用力,所以针阀关闭。

2)喷油器接收来自控制单元的电信号,电磁阀通电产生磁场力,衔铁克服弹簧力上行,打开球阀,来自共轨管的压力油经过进油节流口、控制活塞上腔、回油节流孔流至油箱,形成回路,导致控制活塞上腔油压降低;同时压力油经过油道进入针阀的承压腔,给承压面向上作用力大于针阀压力弹簧和控制活塞上端油压作用力,所以针阀打开喷射燃油。

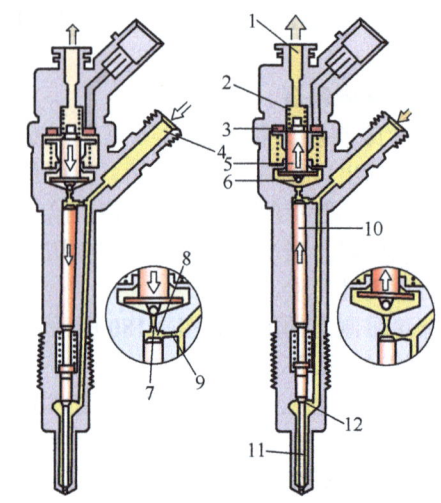

图 2-182 喷油器的结构

1—回油管 2—回位弹簧 3—线圈 4—进油口
5—衔铁 6—球阀 7—回油节流孔 8—控制活塞上腔
9—进油节流孔 10—控制活塞 11—针阀 12—承压腔

为了精确计量燃油,要求喷油器电磁阀的开启和关闭响应时间之和一般小于 0.5ms,电磁阀体的感抗会使阀体响应滞后,所以常采用低感抗的高频电磁阀并配合电流控制驱动电路。喷油器电磁阀特性曲线如图 2-184 所示。

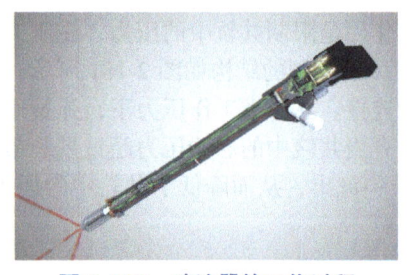

图 2-183 喷油器的工作过程

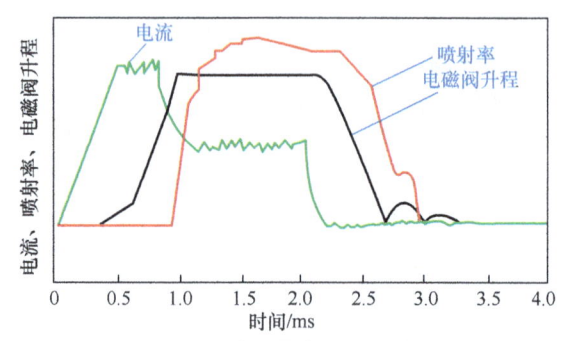

图 2-184 喷油器电磁阀特性曲线

子任务6 进排气系统的安装

【情境描述】

客户反映某重型货车近期动力严重不足。到服务站检修,连接诊断仪,发现无任何故障码。进一步检查,读取数据流发现发动机处于烟度限制状态,检查空滤清洁,气路无堵塞、吸瘪,检查排气制动蝶阀,发现蝶阀卡滞无法自动回位,导致排气背压急剧升高,发动机功率不足,需要进行排气制动蝶阀更换。

【学习目标】

1. 能认识进排气系统的总体组成。
2. 能认识进排气系统各零部件的结构。
3. 能使用通用和专用工具装配WP10柴油机进排气系统。

项目二 拆解与安装柴油机

【任务分组】

班级		组号		指导教师	
组长		组员			
任务分工					

【获取信息】

引导问题 1：涡轮增压器的日常维护

第 1 步：

第 2 步：

引导问题 2：涡轮增压器的检修步骤

第 1 步：

第 2 步：

【工作实施】

引导问题 3：潍柴 WP10 增压器系统装配步骤

第 1 步：

第 2 步：

第 3 步：

第 4 步：

第 5 步：

第 6 步：

【相关知识】柴油机的进气和排气系统

柴油机进排气系统组成如图 2-185 所示。

一、空气滤清器的构造与维护

（一）作用

空气滤清器的作用是把进入发动机的空气中的灰尘和砂土等杂质过滤掉，从而保证进入气缸内的空气清洁，减少气缸、活塞、活塞环、气门和气门座等零件的磨损。

空气滤清器一般安装在进气管的上方，有的为了降低发动机的高度，将空气滤清器安装在更合理的位置，中间用软管或金属管相连。

空气滤清器的要求：具有长期稳定高效率的滤清能力，而且气流阻力小、维护周期长，维护、修理操作方便。此外，还要求尺寸小，重量轻，结构简单，制造成本低，适用于恶劣工作环境，使用寿命长。

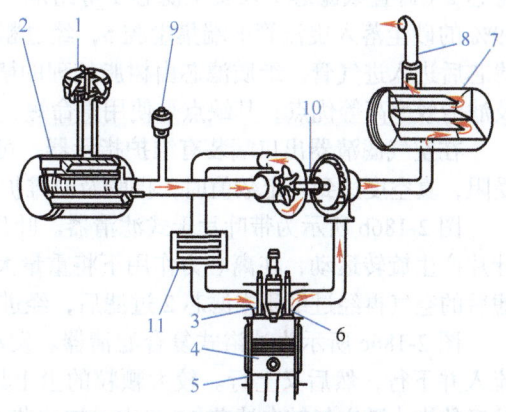

图 2-185 柴油机进排气系统组成

1—除尘器　2—空气滤清器　3—进气门　4—活塞
5—缸体　6—排气门　7—消声器　8—排气管
9—尘埃指示器　10—涡轮增压器　11—中冷器

（二）空气滤清器的类型

柴油机使用的空气滤清器如图 2-186 所示，按其滤清器工作原理可分为 3 种。

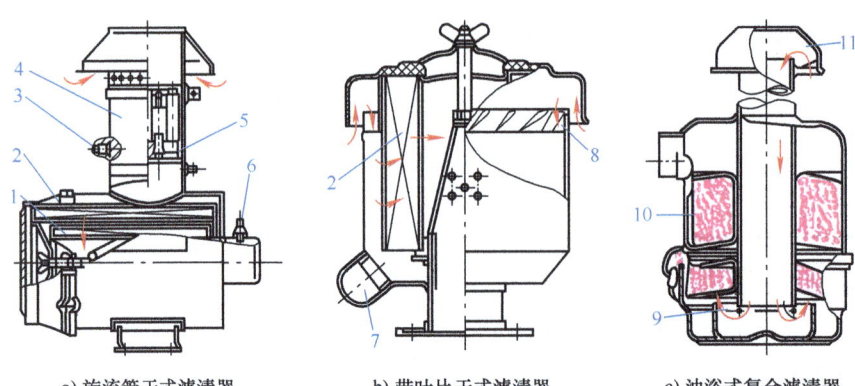

a) 旋流管干式滤清器　　b) 带叶片干式滤清器　　c) 油浴式复合滤清器

图 2-186　常见空气滤清器的原理结构

1—安全滤芯　2—纸质主滤芯　3—引射管接口　4—旋流粗滤器　5—集尘腔
6—维护指示器　7—排尘口　8—叶片环粗滤器　9—油池　10—滤芯　11—粗滤帽

1. 惯性式

利用气流在急速改变流动方向时，因尘土具有较大的惯性而被清除，空气在通过滤芯之前先进行惯性分离处理，可将绝大部分的粗颗粒尘土清除掉。

2. 油浴式

在空气进入滤芯前，在气流转向处流过机油表面，使大颗粒的杂质因惯性甩向油面而被机油粘附。

3. 过滤式

引导气流流过滤芯，使尘土和杂质被隔离并粘附在滤芯上。经过油浴的空气再过滤称为湿过滤；不经油浴的空气过滤称为干过滤。

现在使用的空气滤清器大多为采用上述 3 种滤清方法的多级滤清器。工程机械柴油机使用的空气滤清器常见的有：带旋流管干式滤清器、带叶片干式滤清器、油浴式复合滤清器等。

如图 2-186a 所示，该结构带有旋流管干式空气滤清器（附有安全滤芯），其滤清效果最好，滤清效率可达 99.5%，使用也最广泛。它主要由旋流粗滤器 4（竖置旋流管）、纸质主滤芯 2（卧置纸滤芯）及安全滤芯 1 等组成。空气经竖置旋流管离心力的作用，使空气中约 99% 的砂尘落入旋流管下端集尘腔 5，经过粗滤后，较清洁的空气通过纸质滤芯滤清及安全滤芯后进入进气管。纸质滤芯由树脂处理的微孔滤纸制成，具有重量小、高度低、成本低廉及滤清效率高等优点；其缺点是使用寿命短，对油类污染敏感。

在空气滤清器出口端装有维护指示器，可根据进气阻力的变化发出警报信号，即当滤芯受阻，真空度达到一定数值时，提醒及时维护滤芯。

图 2-186b 所示为带叶片干式滤清器。叶片环粗滤器 8 外面有很多叶片，空气进入后通过叶片产生旋转运动，在离心力作用下将重量大的尘土甩向外壁，并经排尘口 7 排出。经过粗滤后的空气再经过纸质主滤芯 2 过滤后，经进气管进入气缸。

图 2-186c 所示为油浴式复合滤清器。发动机工作时，空气以很高的速度经粗滤帽 11 后流入并下行，然后又上行。较大颗粒的尘土具有较大的惯性，冲向油池 9 上被机油所粘附，较轻的尘土随空气转向滤芯 10 流去，被滤芯 10 粘附，已滤清的空气再进入气缸。

（三）空气滤清器使用与定期维护

1）对于作业环境条件较好的运输机械，由于空气比较清洁，一般采用单级油浴式空气滤清器或干式空气滤清器。

2）对油浴式空气滤清器，应仔细用汽油清洗滤芯和壳体，将油池中的机油和脏物倒出并清洗干净，最后加注规定容量的新机油。

3）对采用纸质的干式空气滤清器，维护时切忌让纸质滤芯接触油质，否则将增大过滤阻力。纸质滤芯清除尘土时，可放在平板上轻轻拍打或从滤芯的内侧向外吹气，也可用软毛刷将尘土去除。

4）当达到规定的更换周期时，应更换滤芯。另外，滤芯如有破损也应更换。

二、涡轮增压器的构造与维护

（一）涡轮增压装置的作用

1. 类型

利用增压器提高进气压力以增加柴油机充气量的方法称为增压。

增压方法可分为三类：机械增压（柴油机曲轴驱动）、废气涡轮增压（废气驱动）、复合增压（上述两种方法组合而成）。由于废气涡轮增压结构紧凑，体积小，效率高，故常采用废气涡轮增压。

2. 作用

废气涡轮增压器如图2-187所示，柴油机采用废气涡轮增压，不仅可提高功率30%~100%，由于燃烧完全，还可以降低排烟浓度，废气中CO和HC含量明显减少，NO_x含量也较少，对减少排气污染有利。增压技术由于其在节约能源、防止大气污染和降低噪声等方面所发挥的重大作用，目前已成为柴油机的发展趋势之一，并已得到广泛的应用。

图2-187　废气涡轮增压器

（二）废气涡轮增压器的构造

废气涡轮增压器结构如图2-188所示，由压气机、涡轮机和中间壳体三部分组成。压气机部分由压气机叶轮2、压气机壳3和扩压器4等组成单级离心式压气机；涡轮机部分由涡轮壳12、涡轮机叶轮15、喷嘴环18和涡轮端盖板17等组成单级径流式涡轮机。压气机叶轮2与涡轮机叶轮15装在同一根轴上构成转子组，并支撑在中间支撑体两端的浮动轴承21上。中间支撑体左端装有压气机壳3，右端装有涡轮壳12。

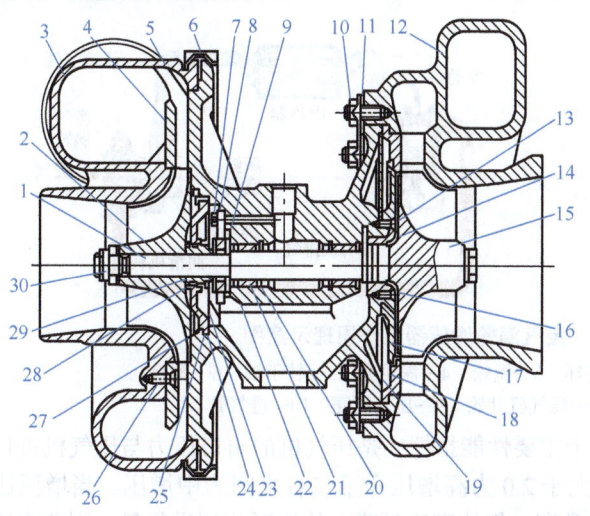

图2-188　废气涡轮增压器结构

1—转子轴　2—压气机叶轮　3—压气机壳　4—扩压器　5—中间壳　6—V形夹箍总成　7—螺栓组件
8—推力轴承　9—推力片　10—螺栓和止动垫片　11—涡轮端压板　12—涡轮壳　13—衬套　14—弹力密封环
15—涡轮机叶轮　16—螺钉　17—涡轮端盖板　18—喷嘴环　19—隔热板　20—弹簧卡爪　21—浮动轴承
22—推力环　23—挡油板　24—压气机端气封板　25—密封圈　26—埋头螺钉　27—挡圈　28—弹力密封环
29—压气机端油封　30—自锁螺母

密封装置部分由压气机端油封 29、弹力密封环 14、压气机端气封板 24、挡油板 23、隔热板 19 等组成。压气机端密封装置的作用是密封压气机内的高压空气，并防止中间壳体油腔内的机油进入压气机。涡轮端密封装置的作用是阻止涡轮内的高温废气进入机油腔，并起隔热作用，以保持机油的质量，保证增压器正常工作。

知识拓展

废气涡轮增压器采用压力润滑，机油来自柴油机的主油道，经过增压器机油滤清器再次滤清后，进入增压器的中间壳油腔，分两边流向浮动轴承进行润滑和冷却，经其下部出油口流回曲轴箱，形成一条不断循环的机油油路。

废气涡轮增压器转子体转速高达每分钟数万转甚至数十万转以上，因轴表面与轴承内表面间的滑动速度相当高，故采用浮动轴承。浮动轴承与转子轴之间、与轴承壳之间均有间隙。当转子轴高速旋转时，具有压力的机油从中间壳油腔进入轴承内、外间隙，使浮动轴承在内外两层油膜中随转子轴同时旋转，但其转速比转子轴低得多，从而使轴承对轴承孔和转子轴的相对速度大大下降。

（三）废气涡轮增压器的工作原理

如图 2-189 所示，废气涡轮增压器工作原理是将排气管 1 接到增压器的涡轮壳 4 上。柴油机排出的具有高温、高压的废气经排气管 1 进入涡轮壳 4 内的喷嘴环 2，按一定的方向冲击涡轮 3，使涡轮高速运转，通过涡轮的废气最后排入大气；与涡轮 3 固装在同一转子轴 5 上的压气机叶轮 8 也以相同的速度旋转，将经过空气滤清器的空气吸入压气机壳，高速旋转的压气机叶轮 8 把空气甩向叶轮的外缘，使其速度和压力增加，这些压缩的空气经柴油机进气管 10 进入气缸与更多的柴油混合燃烧，以保证发动机输出更大的功率。

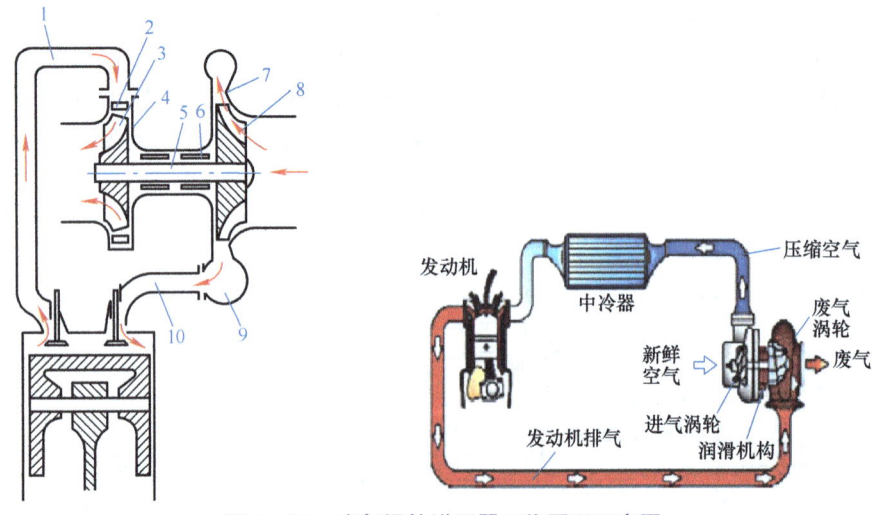

图 2-189 废气涡轮增压器工作原理示意图

1—排气管 2—喷嘴环 3—涡轮 4—涡轮壳 5—转子轴 6—轴承
7—扩压器 8—压气机叶轮 9—压气机壳 10—进气管

增压比是废气涡轮增压器的一个主要性能指标，是压气机的出口压力与压气机进口压力之比值。比值小于 1.4 为低增压，大于 2.0 为高增压介于二者之间为中增压。当增压比大于 1.8，随着进气压力升高，空气温度升高，气体密度下降，从而影响到进气量。因此在增压比大的柴油机上安装有中冷器，如图 2-189 所示，用于冷却增压器输出的压缩空气，使进入气缸的空气温度降低，密度增大，增加进气量，提高功率、经济性并降低热负荷。中冷器的冷却介质可才用风冷、水冷或油冷。图 2-190 为空气冷却式中冷器，从压气机输出的部分高温高压空气经中冷器进入发动机进气总管，风扇将周围空气吹向中冷器芯子，以冷却进入进气管的压缩空气。

为了防止增压后柴油机在高速高负荷时排气流量过大，造成增压器转速过大和增压过高，多加设排气旁通阀，如图2-191所示。当排气量大时，旁通阀打开，放掉一部分废气，降低增压器转速，控制压比。

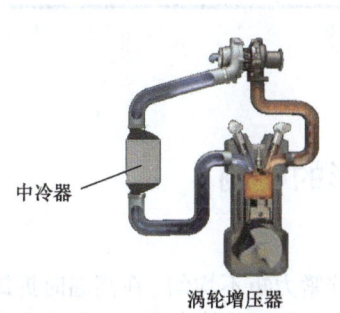

图2-190 空气冷却式中冷器示意图

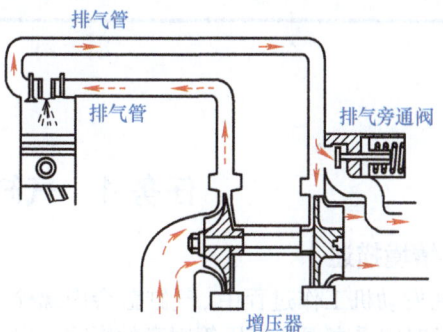

图2-191 排气旁通阀示意图

（四）使用注意事项

涡轮增压器是在高温和高转速条件下工作的，为保证其工作正常，使用时应注意：

1）新的或刚维修好的增压器，使用前用手拨动转子轴，检查有无卡滞现象和不正常的声音，安装前加注润滑油。

2）加强空气滤清器的维护，不得有异物进入涡轮增压器。

3）起动发动机时，严禁急加速，保持发动机暖机过程，保证涡轮增压器可靠润滑。

4）柴油机熄火时，怠速运转3~5min时间，发动机降温，以便让润滑油将热量带走，以免烧坏O形密封环、轴承咬死和中间壳变形。

三、排气消声器

（一）排气消声器作用及原理

排气消声器的作用是减少排气噪声和消除废气中的火焰及火星，使废气安全地排入大气。具有一定压力能量且高温的废气在排气管中呈脉动形式流出时，会产生强烈的排气噪声。为减小噪声和消除废气中的火焰及火星，在排气管出口处装有排气消声器。

排气消声器的性能要求：降低排气噪声、排气阻力低，柴油机功率损失一般不宜超过3%~4%。

排气消声器的基本原理是消耗废气流的能量、平衡气流的压力波动。一般可采用多次改变气流方向，使气流重复通过收缩又扩张的断面，将气流分割为许多小支流并沿着不平滑的平面流动，将气流冷却的方法。

（二）典型消声器的结构

图2-192所示为典型排气消声器的构造。消声器外壳2用薄钢板制成，消声器两端各有一入口和出口，中间用隔板4将其分割成几个尺寸不同的消声室，各消声室间由带小孔的管连接。废气进入多孔管和消声室后，在这里膨胀冷却，受到反射后，又多次与消声器内壁碰撞消耗能量，结果压力降低，振动减轻，最后从多孔管排到大气，使噪声明显减小。

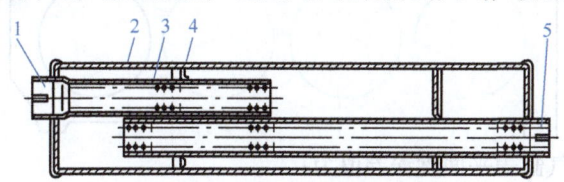

图2-192 曲型排气消声器构造

1—排气入口 2—外壳 3—多孔管 4—隔板 5—排气出口

项目三 检测柴油机零部件

任务 1　气缸盖变形的检测

【情境描述】

在发动机工作过程中,气缸盖会因螺栓、螺母的拧紧力矩不均匀,在高温时拆卸受撞击以及长时间受高温,高压等因素的影响而出现翘曲、拱曲和扭曲等变形。气缸盖变形一旦超出允许的限度,将会引起漏水、窜气、冲坏气缸垫等故障。

【学习目标】

能对气缸盖变形进行检测。

【任务分组】

班级		组号		指导教师	
组长		组员			
任务分工					

【获取信息】

引导问题 1：气缸盖的作用是什么?

引导问题 2：气缸盖的变形是什么？气缸盖变形后对发动机有什么影响？

【工作实施】

引导问题 3：测量气缸盖的变形

第 1 步：查找维修手册或相关资料,确定气缸盖变形的允许值。

第 2 步：选择所需工具。

第 3 步：确定测量方向并在下图中画出来。

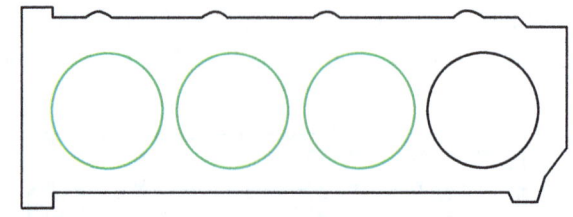

第 4 步：测得的气缸盖平面度误差值为：

第 5 步：判定测量结果,制订维修方案。

【评价反馈】

检查评估	维修资料、工具、设备的正确使用	A	B	C	D
	操作规范和任务完成情况	A	B	C	D
	任务工单填写	A	B	C	D
	纪律和回答现场提问	A	B	C	D
	团队合作	A	B	C	D
	安全和环保	A	B	C	D
成绩					
评语				教师签字： 日期：	

【相关知识】

气缸盖的检修

气缸盖的主要损坏形式是裂纹与变形。

裂纹多发生在进排气门座之间，这一般是由于气门座或气门导管配合过盈量过大与镶换工艺不当所引起的，可采用水压法进行检测。气缸盖出现裂纹一般应予以更换。

气缸盖变形是指与气缸体的结合面翘曲变形，这种损伤通常是由于高温或拆装气缸盖时操作不当，以及螺栓未按气缸盖规定的顺序和力矩拧紧所致，气缸盖的翘曲变形可用平板接触法检验。

（1）选择工具　刀形样板尺、塞尺如图 3-1 所示。

a) 刀形样板尺　　　　　　b) 塞尺

图 3-1　气缸盖变形测量工具

（2）检测步骤

1）清洁缸盖测量平面上的污物。

2）将不小于被测平面全长的刀形样板尺放到气缸盖平面上，沿气缸盖平面的纵向、横向和对角线方向等多处用塞尺进行测量，求得其平面度误差如图 3-2 所示。

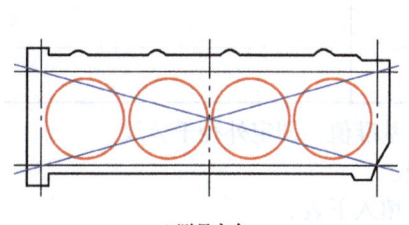

a) 测量方向　　　　　　　b) 测量方法

图 3-2　气缸盖平面度的检验

气缸盖变形后,可根据变形程度采取不同的修理方法。平面度误差在整个平面上不大于0.05mm或仅有局部不平时,可用刮刀刮平;平面度误差较大时可采用平面磨床进行磨削加工修复,但加工量不能过大(0.24~0.50mm),否则会影响压缩比。

任务 2　缸套磨损、活塞磨损的检测和配缸间隙的计算

【情境描述】

活塞在气缸中作高速运动,长时间工作后气缸、活塞都会产生磨损。活塞与气缸壁之间的间隙称为配缸间隙,此间隙应符合标准。当气缸、活塞的磨损达到一定程度后,会导致配缸间隙超过标准值,引起发动机动力性、经济性明显下降。

【学习目标】

1. 能对气缸磨损情况进行测量。
2. 能测量活塞的裙部直径。
3. 会计算配缸间隙。

【任务分组】

班级		组号		指导教师	
组长		组员			
任务分工					

【获取信息】

引导问题 1: 气缸轴线方向的磨损规律是什么?

引导问题 2: 气缸圆周方向的磨损规律是什么?

引导问题 3: 活塞裙部磨损规律是什么?

【工作实施】

引导问题 4: 测量气缸直径,确定气缸修理尺寸

第1步:查找维修手册,确定基准缸径及磨损极限。

气缸直径标准参数摘录	
气缸直径出厂规格	
允许极限	
圆度允许极限	
圆柱度允许极限	

第2步:确定外径千分尺调定的测量基准值,调定外径千分尺。
第3步:组装量缸表,并校正量缸表。
第4步:测量气缸直径,将测量数值填入下表。

测量部位		缸数					
		一	二	三	四	五	六
Ⅰ–Ⅰ	A—A						
	B—B						
Ⅱ–Ⅱ	A—A						
	B—B						
Ⅲ–Ⅲ	A—A						
	B—B						
气缸最大磨损直径							

第5步：计算圆度与圆柱度

计算值	缸数					
	一	二	三	四	五	六
圆度						
圆柱度						
气缸最大圆度						
气缸最大圆柱度						

第6步：对测量结果进行判定，如不合格，确定维修方案。

气缸直径测量结果分析	□合格　□不合格
气缸直径是否超限	□合格　□不合格
气缸圆度是否超限	□合格　□不合格
气缸圆柱度是否超限	□合格　□不合格

引导问题5：测量活塞裙部直径

第1步：选择所需测量工具。
第2步：查找技术手册确定活塞裙部直径参考值和磨损极限，并填入下表。
第3步：确定活塞裙部直径测量位置。
第4步：检查校准外径千分尺。
第5步：用外径千分尺测量活塞裙部直径，并填入下表。

活塞裙部直径标准参数摘录		
活塞裙部直径参考值		
活塞裙部直径磨损极限参考值		
活塞裙部直径测量		
测量项目	测量位置	测量值
活塞裙部直径		

第6步：判断是否超限

引导问题6：根据引导问题4测得的气缸直径和引导问题5测量的活塞裙部直径，计算配缸间隙，并判断配缸间隙是否合适

第1步：查找技术手册确定配缸间隙允许值。
第2步：计算配缸间隙。
第3步：判断是否超限。

【评价反馈】

检查评估	维修资料、工具、设备的正确使用	A	B	C	D
	操作规范和任务完成情况	A	B	C	D
	任务工单填写	A	B	C	D
	纪律和回答现场提问	A	B	C	D
	团队合作	A	B	C	D
	安全和环保	A	B	C	D
成绩					
评语				教师签字： 日期：	

【相关知识】

一、气缸体的检修

气缸体常见的损伤主要有变形、裂纹和磨损等。

（一）气缸体变形的检修

气缸体变形主要表现为上、下平面的翘曲和配合表面的相对位置误差增加。气缸体翘曲变形的原因：拆装螺栓时力矩过大、不均，不按顺序拧紧螺栓，或高温下拆卸气缸盖等都会引起气缸体与气缸盖结合平面的翘曲变形。其检测方法与气缸盖变形检测方法相同。

（二）气缸体裂纹的检修

裂纹会引起发动机漏气、漏水和漏油，影响发动机正常工作，必须及时检修。

1. 气缸体裂纹的检验

气缸体外部明显的裂纹，可直接观察。而对于细微裂纹和内部裂纹，一般采用和气缸盖装合后进行水压试验，如图3-3所示。将气缸盖和气缸衬垫装在气缸体上，将水压机出水管接头与气缸前端水泵入水口处连接好，并封闭所有水道口，然后将水压入水套，要求在0.3～0.4MPa的压力下，保持约5min，应没有任何渗漏现象。如果有水珠渗出，则表明该处有裂纹。

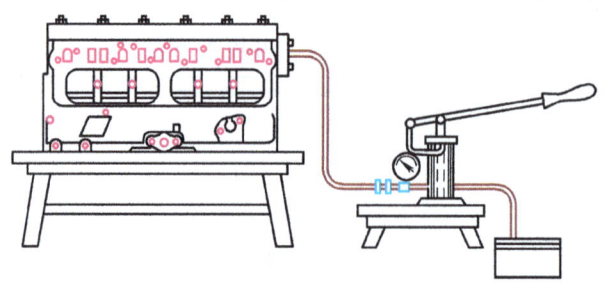

图3-3 气缸体水压试验

2. 气缸体裂纹的修理

在对气缸体裂纹进行修理时，凡涉及漏气、漏水和漏油等问题，一般予以更换。对未影响到燃烧室、水道和油道的裂纹，则根据裂纹的大小、部位和损伤程度等情况选择粘接、焊接等修理方法进行修补。

（三）气缸磨损的检修

活塞在气缸中作高速运动，长时间工作后会产生磨损，当气缸磨损达到一定程度后，将引起发动机动力性、经济性明显下降。

气缸正常磨损的特征是不均匀磨损。气缸沿高度方向磨损成上大下小的倒锥形，最大磨损部位是活塞处于上止点时第一道活塞环对应的气缸壁位置，而该位置以上几乎无磨损形成明显的"缸肩"。气缸沿圆周方向的磨损形成不规则的椭圆形，其最大磨损部位一般是前后或左右方向。

知识拓展

造成气缸高度方向不均匀磨损的原因是：活塞在上止点附近时各道环的背压最大，其中又以第一道环为最大，以下逐道减小；加之气缸上部温度高，润滑条件差，进气中的灰尘附着量多，废气中的酸性物质引起的腐蚀等，造成了气缸上部磨损较大。

气缸圆周方向的最大磨损部位主要是侧向力、曲轴的轴向窜动等造成的。

气缸的磨损程度一般用圆度和圆柱度表示，也有以标准尺寸和气缸磨损后的最大尺寸的差值来衡量。

圆度误差是指同一截面上磨损的不均匀性，用同一横截面上不同方向测得的最大直径与最小直径差值之半作为圆度误差。

圆柱度误差是指沿气缸轴线的轴向截面上磨损的不均匀性，用被测气缸表面任意方向所测得的最大直径与最小直径差值之半作为圆柱度误差。

1. 气缸磨损的测量

1）将被检验的气缸缸筒及上平面清洗，擦干。

2）选择接杆。根据所测量气缸直径大小，选择相应量程的接杆旋入量缸表下端，如图3-4所示，并将百分表装入量缸表杆上端的安装孔中（安装后，表针应转动灵活，可用手压缩量缸表的下端测头）。

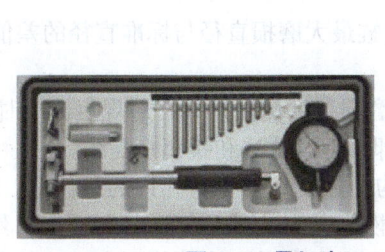

图3-4 量缸表

3）校对量缸表尺寸。如图3-5a所示，将外径千分尺调到所量气缸的标准尺寸，然后将量缸表校对到外径千分尺的尺寸（保证量缸表的测杆有1~2mm的压缩量），并转动表盘使表针对正零位。

4）测量气缸直径。测量时手握量杆绝热套，把量缸表斜向放入气缸被测处，轻微摆动量缸表，使指针左右摆动相等（气缸中心线与测杆垂直）。百分表指针最小度数即为测量值，如图3-5b所示。

5）测量部位。在气缸轴向上选取三个横截面：即Ⅰ-Ⅰ，（活塞在上止点时，第一道环所对应的缸壁附近），Ⅱ-Ⅱ（气缸中部），Ⅲ-Ⅲ，（距气缸下边缘20~30mm处），如图3-5c所示。沿同一横截面横向、纵向，分别测出最大（横向）和最小（纵向）直径，如图3-6所示。依次测出各缸的三个横截面上的最大、最小直径，并记录数据。

6）圆度和圆柱度的计算。被测气缸的圆度误差用各个横截面上最大、最小直径差之半的最大值表示；被测气缸体的圆度，用各缸中的最大圆度表示。被测气缸的圆柱度误差用三个横截面上的最大、最小的直径差之半表示，气缸体的圆柱度用最大圆柱度气缸的数值表示。

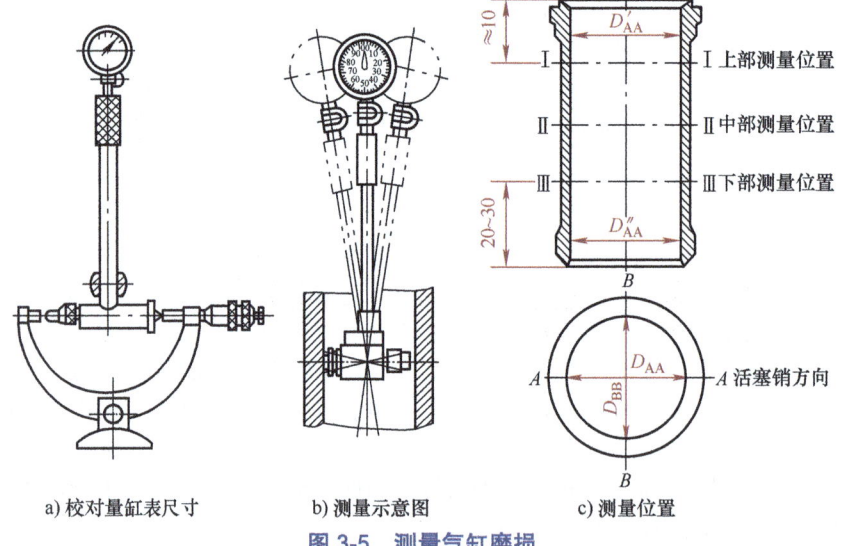

a) 校对量缸表尺寸　　b) 测量示意图　　c) 测量位置

图 3-5　测量气缸磨损

a) 气缸上部横向测量　　b) 气缸上部纵向测量

图 3-6　气缸测量方向

7）最大磨损量的计算。被测气缸最大磨损直径与标准直径的差值。

2. 气缸的修理

当发动机中磨损量最大的气缸磨损程度衡量指标超过规定标准时，则应进行修理。气缸的修理通常采用机械加工的方法，即修理尺寸法和镶套修复法。

1）修理尺寸法是指在零件结构、强度和强化层允许的条件下，将配合副中主要件的磨损部位经过镗磨加工至规定尺寸，恢复其正确的几何形状和精度，然后更换相应的配合件，得到尺寸改变而配合性质不变的修理方法。修复后的尺寸称为修理尺寸，对于孔件是扩大了的，对于轴件是缩小了的。

2）镶套修复法是对于经多次修理，直径超过最大修理尺寸，或气缸壁上有特殊损伤时，可对气缸承孔进行加工，用过盈配合的方式镶上新的气缸套，使气缸恢复到原来的尺寸的修理方法。

① 干式气缸套的镶配。

a. 选择气缸套。第一次镶套选用标准尺寸的气缸套；若气缸体上已镶有缸套，应先拆除旧套，再选用大一级修理尺寸的气缸套。拆除气缸套的工具及方法如下：拆卸气缸套专用工具如图3-7所示，按照图3-8所示安装工具，在缸套下缘安装拉板，然后用扳手旋转螺母即可靠拉板将缸套拉出。

图 3-7　拆装气缸套专用工具

b. 检修气缸套承孔。根据气缸套的外径尺寸，将气缸套承孔镗至所需尺寸，按要求留有过盈量。

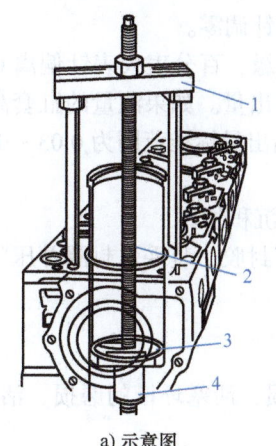 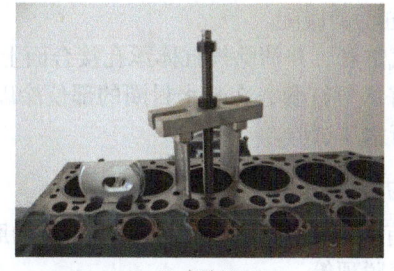

a) 示意图　　　　　　　　　　b) 实物图

图 3-8　气缸套拆解

1—支架　2—拉杆　3—拉板　4—快速安装螺母

c. 镶配。将气缸套外壁涂以机油，放正气缸套，用压力机以 20～50kN 的压力缓慢压入。也可采用图 3-9 所示的专用工具，将拉板装在上方，支架装在下方，通过扳手旋转螺母缓缓将缸套压入。为防止缸体变形，应采用隔缸压入法。压入气缸套前，应对气缸体进行水压试验。

 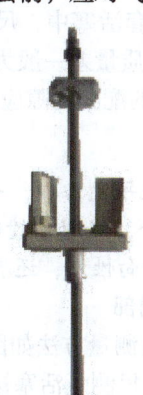

图 3-9　气缸套镶配

d. 测量气缸套高出量。气缸套压入后应用图 3-10a 所示的专用工具测量气缸套高出气缸体上平面的高出量。

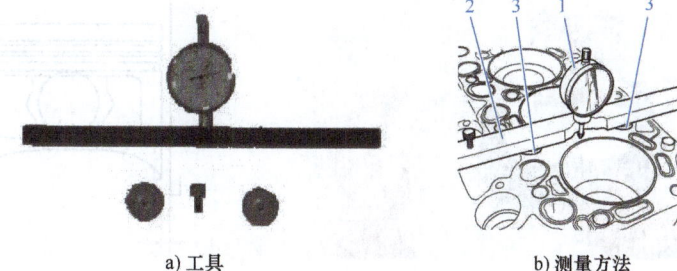

a) 工具　　　　　　　　　　b) 测量方法

图 3-10　气缸套高出量测量

1—百分表　2—专用工具　3—垫块

测量方法如图 3-10b 所示，在发动机气缸体上平面安装专用工具 2、垫块 3 和百分表 1（注意：两个垫块应放置在气缸体上平面上而不能放置在气缸套的边缘上），让百分表指针顶在气缸体上平面上，小表针有 1~2mm 预压，大表针调零。

移动专用工具 2，使百分表指针对着气缸套的上缘，百分表大表针偏离 0 点的最大值即为气缸套的高出量。在三个不同的位置测量缸套的高出量。如果测量的缸套高出量超出标准范围值，则予以更换，如沃尔沃 D7E 发动机的缸套高出量标准范围为 0.03~0.08mm。

② 湿式气缸套的镶配。

a. 拆除旧气缸套，并清除气缸体承孔接合面上的沉积物。

b. 将镗磨好的气缸套，在装水封圈的部位涂以密封胶，装妥水封圈并压紧在气缸体承孔内。装后应进行水压试验。

二、活塞的检修

活塞损伤有活塞裙部的磨损、活塞销座孔的磨损、活塞环槽的磨损、活塞损伤、积炭、活塞烧顶、活塞脱顶等。

1. 活塞的选配

在发动机大修或更换气缸体（或气缸套）时，应根据气缸的标准尺寸或修理尺寸同时更换活塞，选配活塞时要注意以下几点：

1）各缸应选用同一修理尺寸和同一分组尺寸的活塞。

2）同一发动机必须选用同一厂牌的活塞。

3）在选配的成套活塞中，尺寸差和质量差应符合要求。在成套活塞中，其尺寸差一般为 0.02~0.025mm，质量差一般为 4~8g，销座孔的涂色标记应相同。

4）活塞与气缸的配缸间隙应符合规定。

知识拓展

为了保证柴油机平稳工作，一台柴油机一组活塞的尺寸和质量偏差都用分组选配法控制在一定范围内。另外，修理中镗削气缸后，需用加大尺寸的活塞，并使活塞与气缸相对应。因而除活塞顶面有方向性外，还有尺寸分组和质量分组标记。

2. 检测活塞的裙部

活塞裙部直径的测量方法如图 3-11 所示。在活塞下部离裙部底边约 10mm、与活塞销垂直方向处用外径千分尺测量活塞裙部直径。

活塞与气缸壁之间的间隙称为配缸间隙（图 3-12），此间隙应符合标准。检测时可用量缸表测量气缸的直径，用外径千分尺测量活塞的直径，两者之差即为配缸间隙。

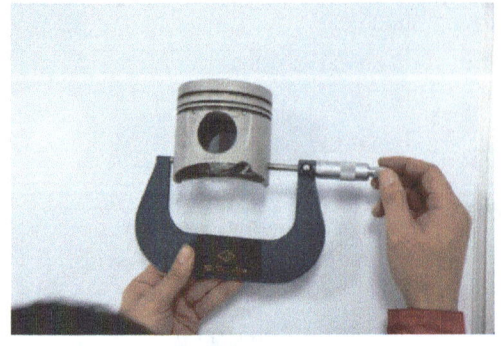

图 3-11　活塞裙部直径的测量方法

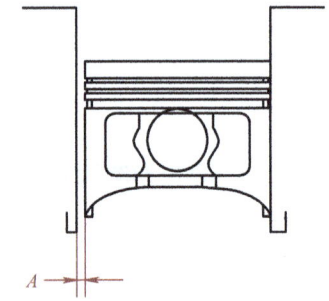

图 3-12　配缸间隙的检测

A—活塞与气缸壁之间的间隙

3. 活塞销座孔磨损

活塞在工作时受气体压力和往复惯性力的作用，使活塞销座孔产生上下方向的椭圆形磨损，如图 3-13 所示。销与孔的配合间隙过大时会产生敲击，需更换活塞。

4. 活塞环槽磨损

活塞环的冲击及炭渣、窜气作用，会使活塞环槽磨损。第一道环槽的磨损最为严重。各环槽由上而下逐渐减轻，如图3-14所示。侧隙变大，泵油作用加剧，漏气、烧机油，易拉缸，发动机功率将下降。

用标准气环装入其内，用塞尺测量其侧隙，即可确定其是否符合要求。

图 3-13　活塞销座孔磨损

图 3-14　活塞环槽磨损

5. 活塞损伤、积炭

活塞出现划痕拉伤、烧损、积炭，如图3-15、图3-16所示，将影响正常燃烧、引起爆燃和表面点火。

图 3-15　活塞损伤

a) 除炭之前的活塞

b) 除炭之后的活塞

图 3-16　活塞积炭

活塞损伤后，应视情更换。活塞积炭，可用钢丝刷或刮刀清除，或用化学溶液对活塞积炭浸泡2~3h，然后刷去或擦去。

三、活塞环的检修

活塞环的损伤主要有活塞环的磨损、弹性减弱、断裂等。

1. 活塞环的选配

发动机大修时，应更换所有活塞环，应按气缸修理级别选用，必须与气缸、活塞选用同一修理级别的活塞环。在维护和小修中，如需更换活塞环时，选用的活塞环修理尺寸级别应与被更换的活塞环相同，不允许用加大级别的活塞环来代替较小级别的活塞环使用。

为保证活塞环与活塞环槽及气缸的良好配合，在选配活塞环时，还应检测活塞环间隙、弹力和漏光度，当其中任一项不符合要求时，应重新选配活塞环。

2. 检测活塞环的"三隙"

（1）端隙

1）将活塞环放在气缸内，用活塞顶将活塞环推正。

2）如图 3-17 所示，用塞尺插入活塞环开口处进行端隙检测，其值应符合要求。

3）活塞环端隙大于规定时，应另选活塞环；小于规定时，可对环口的一端加以锉修。锉修时，应注意环口平整，锉修后环外口应去掉毛刺，以防锋利的环口刮伤气缸。

 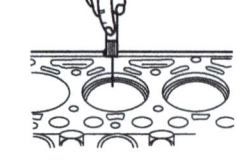 

a）塞尺　　　　　　b）示意图　　　　　　c）实物图

图 3-17　活塞环端隙的检测

（2）侧隙

1）经验法，将活塞环放入环槽内，围绕环槽滚动一周，应能自由滚动，既不松动，又无阻滞现象。

2）用塞尺按图 3-18 所示的方法测量（也可按图 3-19 所示的方法，将活塞环装入环槽中进行测量），其值应符合要求。

a）示意图　　　　　b）实物图

图 3-18　活塞环侧隙的检测（一）　　　图 3-19　活塞环侧隙的检测（二）

3）如果侧隙过小，可将活塞环放在有平板的砂布上研磨，不允许加工活塞；如果侧隙过大，则应另选活塞环。

（3）背隙

1）将活塞环放入环槽内，活塞环的宽度应低于活塞环槽岸。

2）用游标深度卡尺进行测量，一般为 0～0.35mm。

3）也可用计算的方法得到活塞环的背隙，环的背隙计算公式为

$$活塞环的背隙 = 环槽深度 + 活塞与气缸壁间的间隙 - 环的宽度$$

4）活塞环背隙过大或过小，都应重新选配。

四、活塞销的检修

以沃尔沃 D6E 发动机为例，介绍活塞销、连杆小头磨损情况及活塞销与连杆小头配合情况的检查。

1）用外径千分尺测量活塞销直径，如图 3-20a 所示，注意应多个截面、多个方向测量；其正常值应该在 39.994～40mm。

2）将衬套压入连杆小头，按照图 3-20c 所示在点 1 和点 2 用内径百分表测量连杆小头的轴承衬套在平面 a 和平面 b 的内径，其正常值范围为 40.035～40.045mm。

3）计算轴承衬套与活塞销的配合间隙。用测得的最大轴承衬套的内径减去测得的最小活塞销直径，得到活塞销与衬套的最大配合间隙，其正常值范围为 0.025～0.041mm。

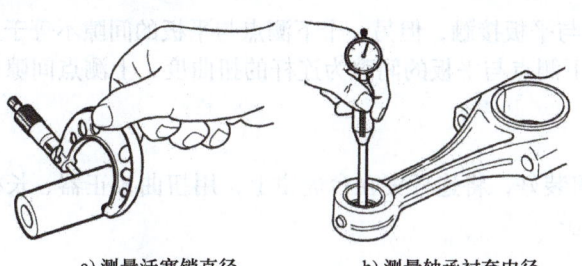
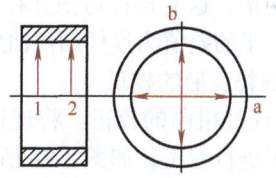

a)测量活塞销直径　　b)测量轴承衬套内径　　c)轴承衬套内径测量的位置及方向

图 3-20　活塞销的检修

五、连杆组的检修

连杆的损伤有杆身的弯曲变形，扭转变形，小头孔、大头侧面的磨损等。

1. 连杆变形的检测

连杆变形的检测在连杆检验仪上进行，如图 3-21 所示。连杆检验仪上的棱形支承轴能保证连杆大端承孔轴向与检验平板垂直。测量工具是一个带 V 形槽的"三点规"，三点规上的三点构成的平面与 V 形槽的对称平面垂直，两下测点的距离为 100mm，上测点与两下测点连线的距离也是 100mm。

1）将连杆大头的轴承盖装好（不装轴承），按规定力矩把螺栓拧紧，检查连杆大头孔的圆度和圆柱度应符合要求，然后装上已修配好的活塞销。

2）把连杆大头装在检验仪的支承轴上，拧紧调整螺钉使定心块向外扩张，把连杆固定在检验仪上。

3）将 V 形检验块两端的 V 形定位面靠在活塞销上，观察 V 形三点规的 3 个接触点与检验平板的接触情况，即可检查出连杆的变形方向和变形量。

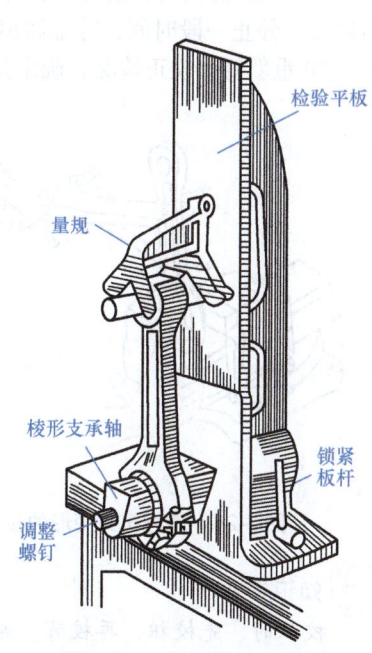

图 3-21　连杆变形的检测

4）连杆变形的检测结果。

① 正值。三点规的 3 个测点都与平板接触，说明连杆没有变形。

② 弯曲。若上测点与平板接触，两下测点不接触且与平板距离一致；或两下测点与平板接触而上测点不接触，表明连杆弯曲。用塞尺测出测点与平板的间隙，即连杆在 100mm 长度上的弯曲度，如图 3-22 所示。

③ 扭曲。若只有一个下测点与平板接触，另一个下测点与平板不接触，且间隙为上测点与平板间隙的两倍，这时下测点与平板的间隙即为连杆在 100mm 长度上的扭曲度，如图 3-23 所示。

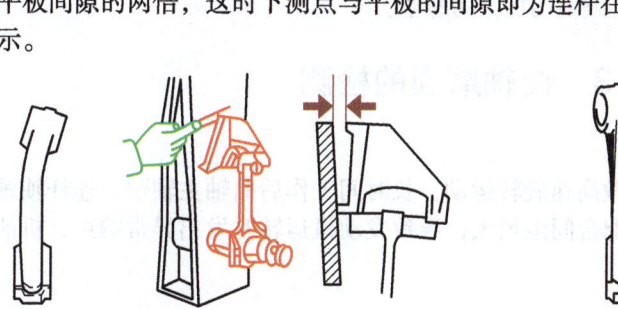
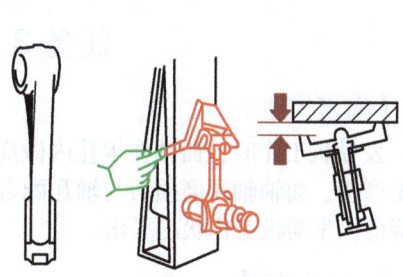

图 3-22　弯曲变形　　　　　　　　图 3-23　扭曲变形

④ 弯扭并存。如果一个下测点与平板接触，但另一个下测点与平板的间隙不等于上测点间隙的两倍，这时连杆弯扭并存。下测点与平板的间隙为连杆的扭曲度，上测点间隙与下测点间隙一半的差值为连杆的弯曲度。

2．连杆变形的校正

1）连杆扭曲的校正。将连杆盖装好，将连杆夹在台虎钳上，用扭曲校正器、长柄扳钳或管子钳进行校正，如图3-24所示。

2）连杆弯曲的校正。

① 如图3-25所示，将弯曲的连杆置于压具上，弯曲部位朝上。

② 施加压力，使连杆向已弯的反方向发生变形，并使变形量达到已弯曲部位变形量的数倍以上，停止一段时间，等金属组织稳定后再去掉负荷。

③ 重新复查校正情况，确定是否需要再校正。

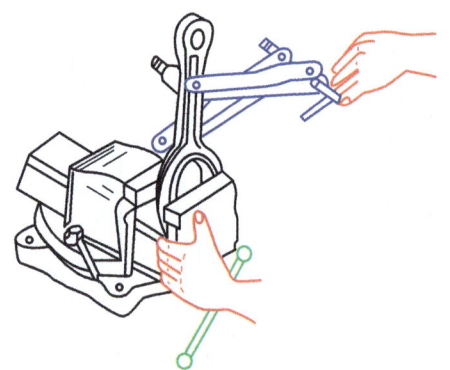
图3-24　连杆扭曲变形的校正

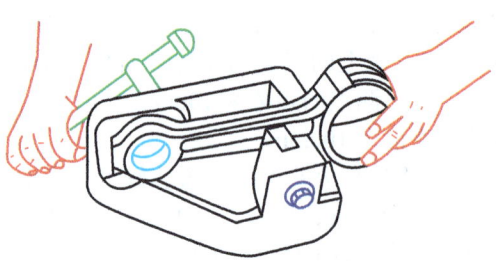
图3-25　连杆弯曲变形的校正

知识拓展

校正时，先校扭，再校弯，避免反复过校正。校正后，要进行时效处理，消除弹性后效作用。

六、油底壳的修理

油底壳常见故障主要表现为气缸体下平面翘曲不平导致漏油和油底壳放油螺塞滑扣而漏油。

气缸体下平面翘曲，会引起油底壳密封垫密封不严，造成油底壳漏油，这不仅会使机油消耗量增加，甚至会因机油不足而引起"烧瓦"等事故性损坏。

油底壳放油螺塞螺纹损坏会导致油底壳漏油，处理方法：一是直接更换油底壳；二是将原来的放油螺塞孔拓宽，放入丝套，或使用加大的螺塞。

任务3　曲轴磨损的检测

【情境描述】

发动机工作时，曲轴在承孔内做高速旋转运动，长时间工作后曲轴主轴颈、连杆轴颈会产生磨损。曲轴轴颈磨损后与轴瓦配合间隙增大，导致发动机运转时发出异常响声，机油压力降低，发动机工作状态恶化。

【学习目标】

能对曲轴轴颈磨损进行检测。

【任务分组】

班级		组号		指导教师	
组长		组员			
任务分工					

【获取信息】

引导问题 1：曲轴轴颈的圆周方向磨损规律是什么？

引导问题 2：曲轴轴颈的轴向磨损规律是什么？

引导问题 3：曲轴轴颈磨损对发动机工作有什么影响？

【工作实施】

引导问题 4：曲轴轴颈磨损的检测

第 1 步：选择所需测量工具。

第 2 步：查找技术手册。

  确定曲轴主轴颈磨损允许的极限值＿＿＿＿＿＿；圆度允许极限值：＿＿＿＿＿＿；圆柱度允许极限值＿＿＿＿＿＿；

  确定曲轴连杆轴颈磨损允许的极限值＿＿＿＿＿＿；圆度允许极限值：＿＿＿＿＿＿；圆柱度允许极限值＿＿＿＿＿＿；

第 3 步：测量曲轴主轴颈和连杆轴颈，并将测量值填入下表。

主轴颈代号	测量截面	最大直径	最小直径	圆度误差	圆柱度误差
主轴颈 1	截面 1				
	截面 2				
主轴颈 2	截面 1				
	截面 2				
主轴颈 3	截面 1				
	截面 2				
主轴颈 4	截面 1				
	截面 2				
主轴颈 5	截面 1				
	截面 2				
主轴颈 6	截面 1				
	截面 2				
主轴颈 7	截面 1				
	截面 2				
主轴颈最大磨损处直径					
主轴颈最大圆度误差					
主轴颈最大圆柱度误差					

连杆轴颈代号	测量截面	最大直径	最小直径	圆度误差	圆柱度误差
连杆轴颈1	截面1				
	截面2				
连杆轴颈2	截面1				
	截面2				
连杆轴颈3	截面1				
	截面2				
连杆轴颈4	截面1				
	截面2				
连杆轴颈5	截面1				
	截面2				
连杆轴颈6	截面1				
	截面2				
连杆轴颈最大磨损处直径					
连杆轴颈最大圆度误差					
连杆轴颈最大圆柱度误差					

第4步：判定测量结果，确定主轴颈修理尺寸。

连杆轴颈修理尺寸：_____。

【评价反馈】

检查评估	维修资料、工具、设备的正确使用	A	B	C	D
	操作规范和任务完成情况	A	B	C	D
	任务工单填写	A	B	C	D
	纪律和回答现场提问	A	B	C	D
	团队合作	A	B	C	D
	安全和环保	A	B	C	D
成绩					
评语				教师签字： 日期：	

【相关知识】

一、曲轴的检修

曲轴常见的耗损形式有裂纹断裂，曲轴的弯曲、扭曲和轴颈磨损。

1. 裂纹的检修

曲轴清洗后，应检查有无裂纹，可用磁力探伤法、浸油敲击法或荧光探伤法等方法进行裂纹的检验。

浸油敲击法是将曲轴置于煤油中浸一会儿，取出后擦净表面并撒上白粉，然后分段用小锤轻轻敲击，如果有明显的油迹出现，则该处有裂纹。

2. 曲轴弯曲变形的检修

将曲轴两端主轴颈分别放置在检验平板的 V 形架上，将百分表触头垂直地抵在中间主轴颈上，如图 3-26 所示。慢慢转动曲轴一圈，百分表指针所示的最大摆差，即为中间主轴颈的径向圆跳动误差。若误差大于 0.15mm，则应进行校正，低于此限可磨削主轴颈予以修正。

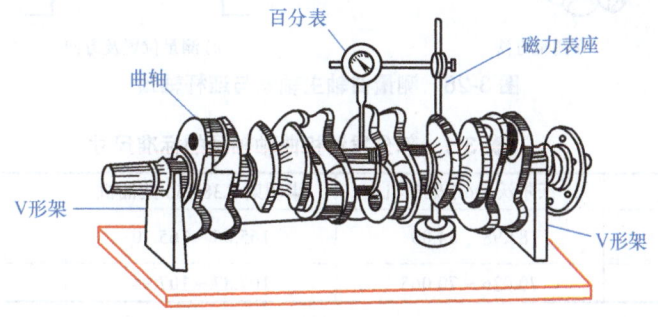

图 3-26　曲轴弯曲变形的检修

曲轴弯曲变形的校正方法主要有冷压校正、火焰校正和表面敲击校正。冷压校正如图 3-27 所示。

> 📺 **知识拓展**
>
> 曲轴产生弯曲和扭曲变形，是由于使用不当和修理不当造成的。如发动机在爆燃和超负荷等条件下，个别气缸不工作或工作不均衡，各道主轴承松紧度不一致，主轴承承孔同轴度偏差增大等，都会造成曲轴承载后的弯曲变形。曲轴弯曲变形后，将加剧活塞连杆组各气缸的磨损，以及加剧曲轴和轴承的磨损，甚至导致曲轴的疲劳折断。

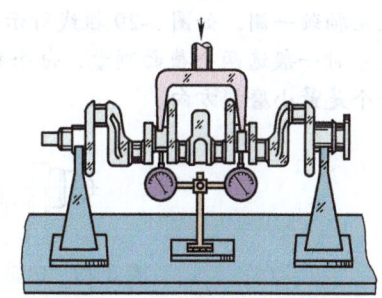

图 3-27　冷压校正示意图

3. 曲轴扭曲变形的检验

以六缸发动机曲轴为例，将第一、第六缸连杆轴颈转到水平位置，用百分表分别测量第一缸连杆轴颈和第六缸连杆轴颈至平板的距离，求得同一方位上两个连杆轴颈的高度差 ΔA。扭转变形的扭转角若大于 $0°30'$，可进行表面加热校正或敲击校正。扭转角 θ 用以下公式进行计算：

$$\theta = \frac{360\Delta A}{2\pi R} = 57\frac{\Delta A}{R}$$

式中　R——曲柄半径（mm）。

6135ZG 柴油机 R 为 70mm，12V135AG 柴油机 R 为 75mm，具体机型的曲柄半径可查阅相关资料。

> 📺 **知识拓展**
>
> 扭曲变形主要是由于烧瓦和个别活塞卡缸（胀缸）造成的。当个别气缸壁间隙过小或活塞热膨胀过大，活塞运动阻力将增大，曲轴运转不均匀，发展到活塞卡缸，未及时发现或卡缸发生后处理不当，便会导致曲轴的扭曲。此外，拖挂时起步过猛和紧急制动（未踩下离合器）时以及起步、超载等，都会引起曲轴的扭曲变形及其他耗损。

4. 轴颈磨损的检修

首先检视轴颈有无磨痕和损伤，然后测量主轴颈和连杆轴颈，计算其圆度误差和圆柱度误差，测量方法如图 3-28 所示，在点 1 和点 2 所在截面用外径千分尺分别测量在平面 a 和平面 b 的外径（平面 a 和平面 b 中应有一个平面为其最大磨损位置所在平面）。部分发动机的曲轴轴颈标准尺寸见表 3-1。

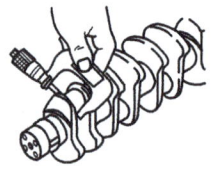

a）测量方法

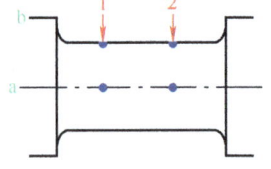

b）测量位置及方向

图 3-28 测量曲轴主轴颈与连杆轴颈

表 3-1 部分发动机曲轴轴颈的标准尺寸 （单位：mm）

发动机型号	沃尔沃 D6E 柴油机	康明斯 K38K50 柴油机	135 系列柴油机
主轴颈	83.98~84.00	165.05~165.10	179.75~180
连杆轴颈	70.026~70.065	107.87~107.95	94.92~94.94

知识拓展

曲轴主轴颈和连杆轴颈的径向磨损和轴向磨损都是不均匀的。主轴颈和连杆轴颈径向最大磨损部位相互对应，即各主轴颈的最大磨损靠近连杆轴颈一侧；而连杆轴颈的最大磨损靠近主轴颈一侧，如图 3-29 粗线所示。此外，曲轴轴颈沿轴向还有锥形磨损。因此在测量轴颈尺寸时一般选两个截面测量，每个截面测量两个相互垂直的方向，一个是最大磨损方向，另一个是最小磨损方向。

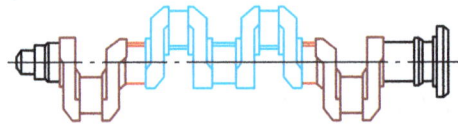

图 3-29 曲轴主轴颈和连杆轴颈的径向最大磨损位置

对曲轴短轴颈的磨损以检验圆度误差为主，对长轴颈则必须检验圆度与圆柱度误差，用外径千分尺测量连杆轴颈、主轴颈，计算其圆度与圆柱度误差。曲轴主轴颈和连杆轴颈的圆度、圆柱度误差不得大于 0.025mm（参考值，不同品牌此数值会有出入，如沃尔沃 D6E 型号的柴油机曲轴主轴颈和连杆轴颈的圆度、圆柱度误差不得大于 0.01mm），超过该值，则按修理尺寸对轴颈进行磨削修理。

知识拓展

曲轴检验分类时应注意：曲轴轴颈和连杆轴颈圆度误差 > 0.025mm 或表面划伤时，应磨削修理；当轴颈圆度、圆柱度误差 < 0.025mm，表面无其他类型的损伤，且圆跳动误差 ≤ 0.15mm 时，可直接使用，不用修磨；虽然两种轴颈圆柱度误差 > 0.025mm 或有其他类型的损伤，但圆跳动误差 ≤ 0.15mm，可直接修磨并通过修磨校正变形；否则必须先进行校正至 < 0.15mm，才能进行修磨。

某些进口发动机采用软氮化工艺强化的曲轴，表面硬度为 64~67HRC，不仅具有很好的耐磨性，还具有极好的抗黏着、抗擦伤性能，而且疲劳强度可提高 60% 左右，强化层的深度可达 0.20mm。因此，这种曲轴无修理尺寸（俗称一次性曲轴）。检验时，用有机溶剂洗净表面的油污，再喷洒 5%~10% 的氯化铜溶液，待 30~40s 后，若不改变颜色可继续使用（轴颈的圆度误差必须在公差范围内）。若溶液由浅蓝色变为透明，轴颈表面变为铜色，说明强化层已磨损耗尽，则应更换新轴。在使用维修过程中，应注意此种曲轴的轴承间隙一般不得大于0.08mm，使用极限间隙不得大于0.12mm。

曲轴连杆轴颈和主轴颈的修理尺寸，是根据曲轴轴颈前一次的修理尺寸、磨损程度和磨削余量来选择的。

曲轴连杆轴颈和主轴颈的修理尺寸，柴油机可达六级。相邻两级修理尺寸的级差以0.25mm递减，并在数值前加"-"作为其代号。

现在曲轴的修理尺寸等级比以前有所减少，具体修理尺寸应根据发动机的设计要求决定。

在保证磨削质量的前提下，应尽可能选择最接近的修理尺寸级别，以延长曲轴的使用寿命。曲轴的连杆轴颈和主轴颈，应分别磨削成同一级别的修理尺寸，以便于选配轴承，保证合理的配合间隙。

二、扭转减振器的检修

现代发动机曲轴的前端多数都有扭转减振器，用于减小曲轴的共振倾向和平衡曲轴前、后两端的振动，降低曲轴的疲劳应力。

目前比较普遍使用的是橡胶式扭转减振器。在检查橡胶式扭转减振器时，若发现内环（轮毂）与外环（风扇传动带或平衡盘）之间的橡胶层脱层、内、外环出现相对转动，两者的装配记号（刻线）相错，说明扭转减振器已丧失了工作能力，必须更换。

对于硅油式扭转减振器可根据减振器惯性质量温度判断其工作情况，如果发动机工作一段时间后，减振器惯性质量的温度却很低，甚至没有温度感觉（减振器工作正常时，其惯性环的温度约80℃），即是硅油减振器已失效。这时，某些硅油减振器可卸下硅油加注口的螺塞，添加硅油后再起动检查，如果仍然出现上述情况，则应拆下硅油减振器送厂修复或更换。

三、飞轮的检修

1. 更换飞轮齿圈

飞轮齿圈有断齿或齿端冲击耗损，与起动机齿轮啮合困难时，应更换齿圈或飞轮组件。齿圈与飞轮配合过盈，更换时先将齿圈加热，进行热压配合，如沃尔沃发动机飞轮齿圈的更换过程如下：

1）拆卸飞轮固定螺栓，安装吊耳和吊索，从发动机上拆下飞轮，如图3-30a所示。

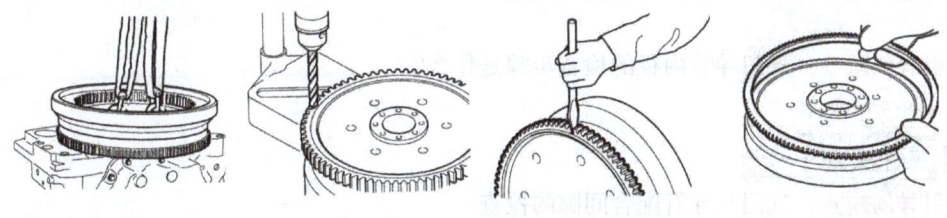

a) 从发动机上拆下飞轮　　b) 在飞轮齿圈上钻孔　　c) 凿开飞轮齿圈　　d) 安装加热后的新齿圈

图3-30　飞轮齿圈的更换

2）加热新的飞轮齿圈至210℃以上。如果采用烤箱加热，应当在拆卸旧齿圈前加热；如果采用乙炔加热，在安装之前加热即可。

3）拆卸旧齿圈。用钻头在旧齿圈的两个轮齿之间（即齿槽部位）钻一个直径为10mm、深为9mm的孔，如图3-30b所示；然后用台虎钳夹持飞轮，用冷凿敲击在飞轮齿圈上所钻的孔，如图3-30c所示，直至飞轮齿圈在钻孔处断开，取下旧齿圈。

4）安装飞轮齿圈。取出保温箱中加热后或用乙炔加热后的新齿圈，安装到飞轮上，如图3-30d所示，要保证齿圈底部贴住飞轮法兰。

2. 修理飞轮工作平面

飞轮工作平面有严重烧灼或磨损沟槽深度大于 0.50mm 时，应进行修整。修整后，工作平面的平面度误差不得大于 0.10mm；飞轮厚度极限减薄量为 1mm；与曲轴装配后的轴向圆跳动量不得大于 0.15mm，还应在平衡机上进行动平衡试验，允许的动不平衡应符合原厂标准。

任务4　气门磨损的检测

【情境描述】

气门杆部安装在气门导管内，随着发动机的工作，气门在气门导管内往复运动以配合发动机的工作打开和关闭气门。长时间工作后气门杆部、气门导管内孔会产生磨损，使气门杆与气门导管之间配合间隙增大，部分机油顺着间隙流入气缸，引起发动机烧机油，使发动机工作状态恶化。

【学习目标】

1. 能对气门杆的磨损进行检测。
2. 能对气门导管的磨损进行检测。
3. 能计算气门与气门导管的配合间隙。

【任务分组】

班级		组号		指导教师	
组长		组员			
任务分工					

【获取信息】

引导问题1：气门杆与气门导管配合间隙过大对发动机工作有什么影响？

引导问题2：气门杆直径的检查要点是什么？

引导问题3：气门导管内径的检查步骤是什么？

【工作实施】

引导问题4：气门与导管配合间隙的检查
第1步：选择所需测量工具。
第2步：查找技术手册。
确定气门杆部磨损允许的极限值：
确定气门导管磨损允许的极限值：
确定气门与导管配合间隙允许的极限值：
第3步：测量气门杆直径并记录下来。
第4步：测量气门导管直径并记录。
第5步：计算气门杆与气门导管配合间隙。
第6步：判定测量结果，制订维修方案。

【评价反馈】

检查评估	维修资料、工具、设备的正确使用	A	B	C	D
	操作规范和任务完成情况	A	B	C	D
	任务工单填写	A	B	C	D
	纪律和回答现场提问	A	B	C	D
	团队合作	A	B	C	D
	安全和环保	A	B	C	D
成绩					
评语				教师签字： 日期：	

【相关知识】

一、气门的检修

1）清除气门头上的积炭。检视气门锥形工作面及气门杆的磨损、烧蚀及变形情况，视情更换气门。

2）检查气门头圆柱面的厚度 H，如图 3-31 所示。柴油机进、排气门一般应大于 0.80mm。

3）检查气门尾部端面。该端面在工作时经常与气门摇臂碰擦，需检视此端面的磨损情况，有无凹陷现象。不严重时，可用油石修磨。如果修磨量超过 0.5mm，则需更换气门。

4）检查气门工作锥面的斜向圆跳动。使用百分表、等高V形架和平板，如图 3-32 所示，检查每个气门工作锥面的斜向圆跳动量。测量时，将V形架置于平板上，使百分表的触头垂直于气门的工作锥面，轻轻转动气门一周，百分表读数的差值即为气门工作锥

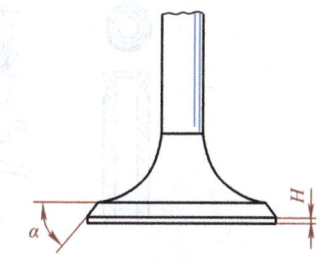

图 3-31 气门头圆柱面厚度检测

面的斜向圆跳动量。为使检测准确，需测量若干个斜面，取其中的最大差值作为气门工作锥面的斜向圆跳动量。其极限值为 0.08mm，如果测量值超过极限值，则需更换气门。

5）检查气门杆的弯曲变形。气门杆的弯曲变形常用气门杆圆柱面的素线直线度表示，如图 3-32 所示，将气门支撑在V形架上，转动气门杆，百分表最大差值的一半作为气门素线的直线度误差。直线度误差值应不大于 0.02mm，否则更换气门。

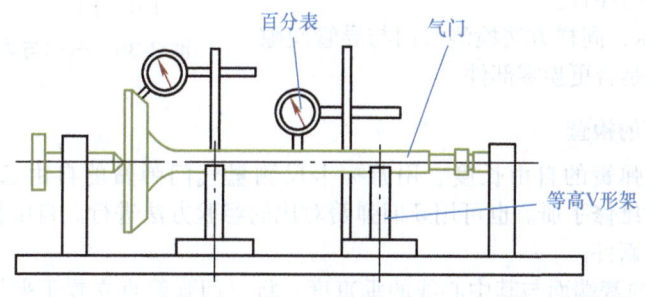

图 3-32 检查气门杆的弯曲变形及工作锥面的斜向圆跳动

二、气门座检查与维修

外观检视气门座,气门座表面如有斑痕、麻点,则需用专用铰刀进行铰削;如果有松动、下沉,则需更换。气门座圈下沉量的检测,如图 3-33 所示。利用专用工具或千分尺检测,检测结果参照维修手册进行维修或更换。

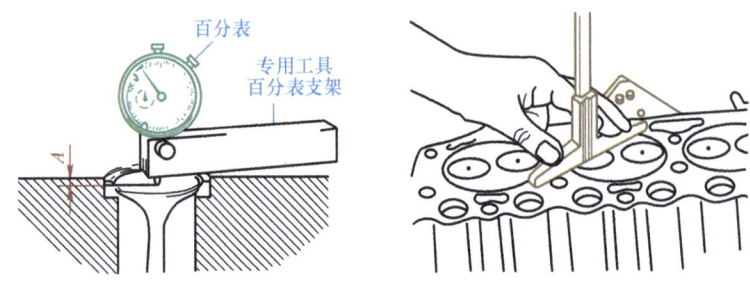

图 3-33 气门座圈下沉量的检测

三、气门导管的检修

1)清洗气门导管。

2)检查气门杆与气门导管的间隙(在气门的弯曲检验合格后进行)。用外径千分尺测量气门杆的直径,用内径百分表测量气门导管的内径,如图 3-34 所示。为使测量准确,需在气门杆和气门导管长度方向测得多个测量值,并注意气门和气门导管的对应性,不得装错。气门杆与气门导管直径及其配合间隙应符合原厂要求。

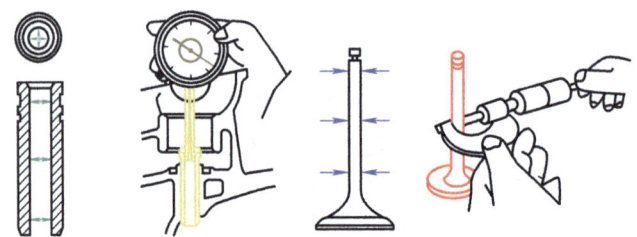

图 3-34 气门导管内径检测

该间隙的大小也可通过百分表测量气门杆尾部的偏摆量间接地判断。如图 3-35 所示,导管内安装对应气门,用百分表触头顶住气门杆尾部,按上下方向推拉气门杆尾部,观察百分表指针的摆差。气门杆尾部偏摆使用极限:进气门为 0.12mm,排气门为 0.16mm。如气门杆与气门导管配合间隙或气门杆尾部偏摆超限,则应根据测量的气门杆直径和气门导管内径情况,更换气门或气门导管。

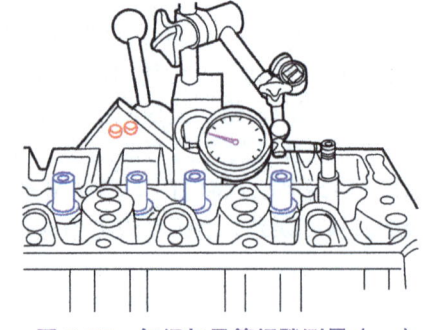

图 3-35 气门与导管间隙测量(一)

如图 3-36 所示,同样方法检测气门与导管间隙,根据维修手册判断是否更换零部件。

四、气门弹簧的检查

1)检查气门弹簧的自由长度。用游标卡尺测量气门弹簧的自由长度,如图 3-37 所示,检测结果参考维修手册。也可用新旧弹簧对比的经验方法进行。自由长度小于使用限度 1.3mm 时,应更换新件。

2)检查气门弹簧端面与其中心线的垂直度。将气门弹簧直立置于平板,用直角尺检查每根弹簧的垂直度,如图 3-38 所示。气门弹簧上端和直角尺之间的间隙即为垂直度的大小。其极限值为 2.0mm,如果该间隙超限,则必须更换气门弹簧。

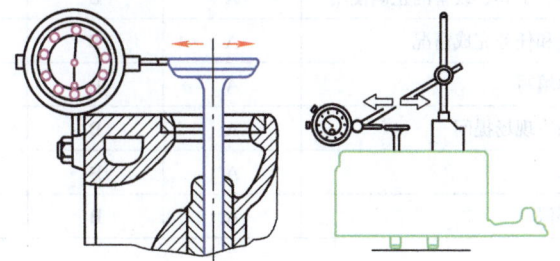

图 3-36　气门与导管间隙测量(二)

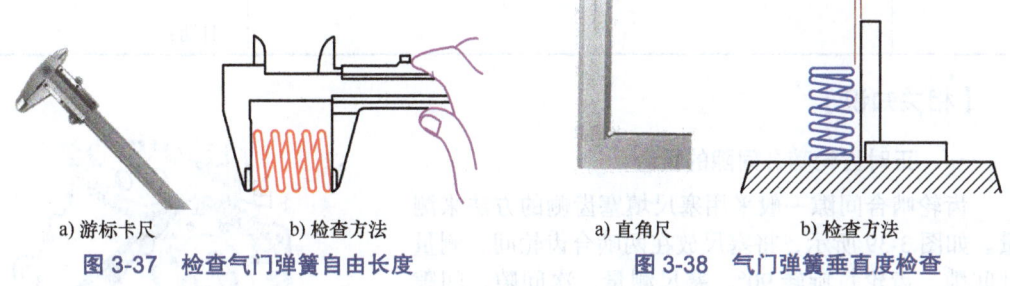

a) 游标卡尺　　　　b) 检查方法　　　　　　a) 直角尺　　　　b) 检查方法

图 3-37　检查气门弹簧自由长度　　　图 3-38　气门弹簧垂直度检查

任务 5　正时齿轮啮合间隙检测

【情境描述】

齿轮啮合传动时,齿间必须保持一定的间隙,以便储存必要的机油,从而减少齿间的磨损。齿轮啮合间隙过大或过小都会打齿、损坏齿轮。

【学习目标】

能对正时齿轮的啮合间隙进行检测。

【任务分组】

班级		组号		指导教师	
组长		组员			
任务分工					

【获取信息】

引导问题 1：正时齿轮啮合间隙过大或过小对发动机工作有什么影响?

【工作实施】

引导问题 2：测量正时齿轮的啮合间隙

第 1 步：选择所需测量工具。

第 2 步：查找技术手册确定正时齿轮啮合间隙允许的极限值_____。

第 3 步：测量正时齿轮的啮合间隙并记录下来。

第 4 步：判定测量结果,制订维修方案。

【评价反馈】

检查评估	维修资料、工具、设备的正确使用	A	B	C	D
	操作规范和任务完成情况	A	B	C	D
	任务工单填写	A	B	C	D
	纪律和回答现场提问	A	B	C	D
	团队合作	A	B	C	D
	安全和环保	A	B	C	D
成绩					
评语				教师签字： 日期：	

【相关知识】

一、正时齿轮啮合间隙的检查

齿轮啮合间隙一般采用塞尺填塞齿侧的方法来测量。如图 3-39 所示，将塞尺放在两啮合齿轮间，测量其间隙。齿轮每旋转 90°，塞尺测量一次间隙，间隙标准通常在 0.05～0.17mm，可以同时检查齿轮或齿轮安装部位是否变形。

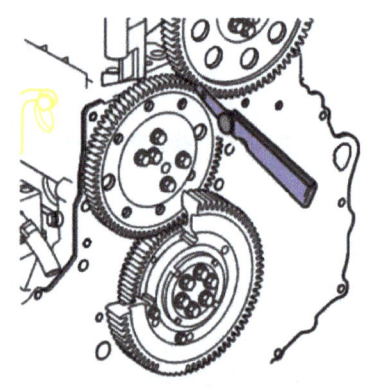

图 3-39　正时齿轮啮合间隙的检查

二、凸轮轴的检修

1. 外观检视

检视凸轮工作面是否有擦伤和疲劳剥落现象。凸轮工作面的擦伤是沿滑动方向上产生的小擦痕，而后将发展成为严重的黏着损伤。如果有上述现象，则应更换凸轮轴。

2. 检查凸轮的磨损

凸轮的磨损程度可用外径千分尺测量凸轮的高度来判断，如图 3-40 所示。如果被测凸轮高度小于使用限度，则应更换凸轮轴。

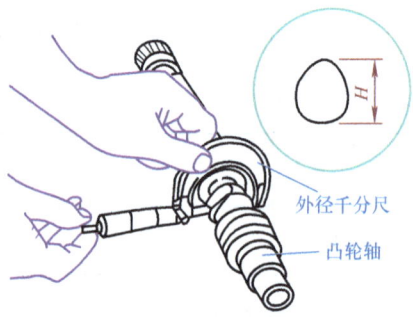

图 3-40　检查凸轮的磨损

3. 检查凸轮轴轴颈的磨损

如图 3-41 所示，使用外径千分尺利用"两点法"测量每个凸轮轴轴颈的直径，即在轴颈的两个不同截面上分别测量两垂直方向的直径尺寸（得到 4 个测量值），同时使用内径百分表利用"两点法"测量凸轮轴轴颈承孔的内径（每个承孔得 4 个测量值）。用所测轴颈承孔内径减去相应轴颈直径即得轴颈与轴颈承孔的配合间隙。如果该配合间隙超过极限值，则应更换凸轮轴和凸轮轴瓦。

4. 检查凸轮轴的弯曲变形

如图 3-42 所示，将 V 形架置于平板上，将凸轮轴置于 V 形架上，使用百分表测量凸轮轴中间支承的径向

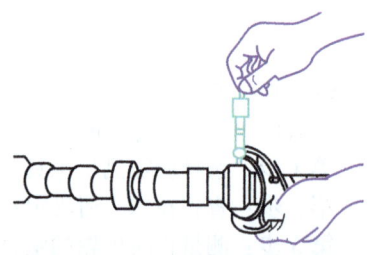

图 3-41　凸轮轴轴颈磨损测量

圆跳动量。轻轻地回转凸轮轴一周，百分表指针的读数差即凸轮轴的径向圆跳动量。若测量值超过极限值（0.05mm），则应进行冷压校正或更换凸轮轴，凸轮轴校直后，其径向圆跳动量应不大于规定值。

5. 检查凸轮轴轴向间隙（止推间隙）

凸轮轴轴向间隙应按图3-43所示进行测量。凸轮轴轴向间隙是靠止推板来保证的。测量该间隙时，可用撬杠拨动凸轮轴沿轴向移动，用塞尺或百分表进行测量，如果测量值超限，则通过增减止推板或调整圈的厚度来调整。

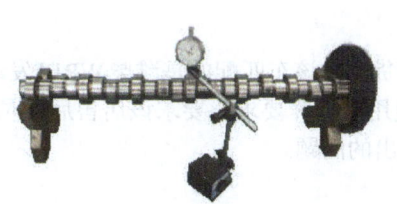

图3-42 凸轮轴弯曲检测

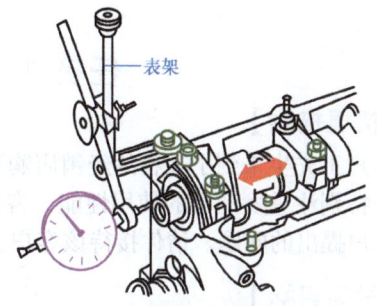

图3-43 测量凸轮轴轴向间隙

三、挺柱的检修

挺柱常见损伤形式有挺柱底部出现剥落、裂纹、擦伤划痕，挺柱与导孔配合间隙过大等。如果出现下列耗损，应视情检修。

1）挺柱底部出现疲劳剥落或擦伤划痕时，应更换新件。

2）挺柱底部出现环形光环，说明磨损不均匀，应更换新件。

3）挺柱圆柱部分与导孔的配合间隙超过规定值时，应视情更换挺柱或导孔支架。装有衬套的结构可更换衬套。

四、推杆的检修

推杆一般都是空心细长杆，工作时易发生弯曲，要求其直线度误差不大于0.30mm，测量方法如图3-44所示。如果上端凹球端面和下端凸球面磨损，应更换新件。

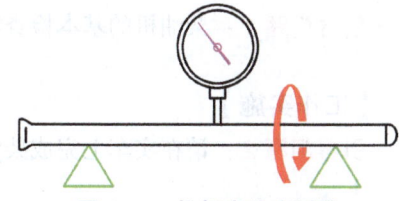

图3-44 推杆直线度测量

五、摇臂轴与摇臂的检修

1. 摇臂的检修

如图3-45所示，检视摇臂和调整螺钉的磨损。如果调整螺钉的端头磨损严重，应更换调整螺钉。摇臂头部应光洁无损；磨损后，可以采用堆焊修磨修复，修复后的凹陷应不大于0.50mm。

2. 摇臂轴磨损的检修

检查摇臂与摇臂轴的配合间隙，如图3-46所示，可用外径千分尺和内径百分表分别测量摇臂轴与摇臂轴孔的尺寸，其差值即两者的配合间隙，各数值应满足原厂要求，一般间隙不超过0.15mm；如果超过原厂要求，可采用更换摇臂衬套的方法进行修理，并按轴的尺寸进行铰削或镗削修理。注意：镶套时，要使衬套油孔与摇臂上的油孔对准，以免影响润滑。

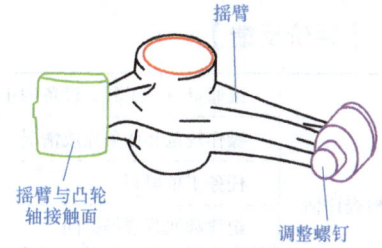

图3-45 摇臂的检修

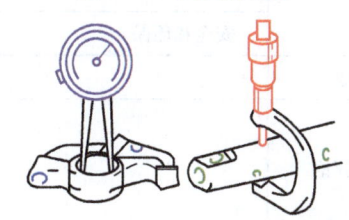

图3-46 摇臂与摇臂轴配合间隙的测量

项目四 柴油机检查与保养

任务 1 柴油机基本检查

【情境描述】

客户王先生来到了某特约经销店购买了一辆重型货车，该车匹配的是潍柴 WP10 发动机，王先生特别注重发动机的使用性能，咨询柴油机的使用与保养要求，要求该店售后人员能够解答客户提出的问题。请你接待该客户，解答客户提出的问题。

【学习目标】

能完成柴油机的基本检查项目。

【任务分组】

班级		组号		指导教师	
组长		组员			
任务分工					

【信息获取】

引导问题 1：柴油机的基本检查项目有哪些？

【工作实施】

引导问题 2：请在实车上完成柴油机的基本检查项目

1.　　　　　　　　　　　　4.
2.　　　　　　　　　　　　5.
3.　　　　　　　　　　　　6.

【评价反馈】

检查评估	维修资料、工具、设备的正确使用	A	B	C	D
	操作规范和任务完成情况	A	B	C	D
	任务工单填写	A	B	C	D
	纪律和回答现场提问	A	B	C	D
	团队合作	A	B	C	D
	安全和环保	A	B	C	D
成绩					
评语				教师签字： 日期：	

【相关知识】柴油机的基本检查

1. 检查冷却液面

如果发动机已装在汽车或台架上,可通过膨胀水箱上的玻璃视孔看到冷却液面,如图 4-1 所示,如果冷却液不够,可打开加液口盖加入冷却液。

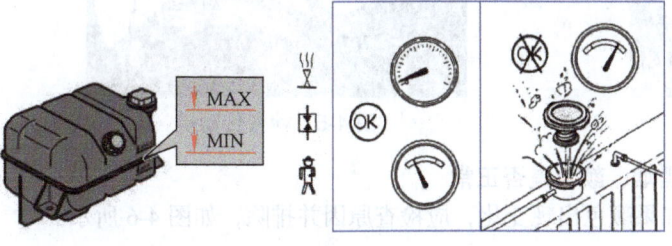

图 4-1 膨胀水箱及加液口盖

打开带有卸压阀和排气按钮的加液口盖时,如果发动机处于热态,要打开盖子就必须先按下排气按钮,如图 4-1 所示。切忌在发动机处于热态时往里加入大量冷却液否则会因为冷热变化大而损坏零件。

2. 检查燃油液面

如果发动机已装在汽车上,应打开电源开关,从燃油表上检查燃油液面,根据油表指示及时添加燃油,也可直接检查燃油箱。

3. 检查机油液面

如图 4-2 所示,机油液面应在油尺的上、下刻度线之间。停车后,至少要等 5min,使机油有充分时间流回油底壳后,再检查机油油面。当机油不足时,从机油加注口添加机油。当油面低于油尺的下刻度线或高于油尺的上刻度线时,决不允许起动柴油机。

4. 检查尿素箱尿素液面

应根据使用情况检查尿素液面,应使液面保持在 30%~80%,不足时应及时添加,过量添加会导致尿素溢出,如图 4-3 所示。

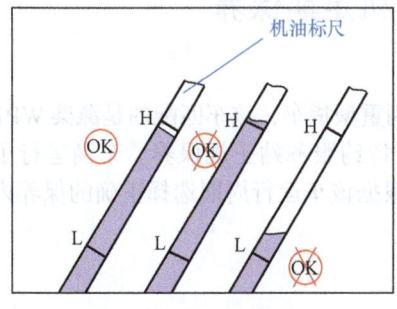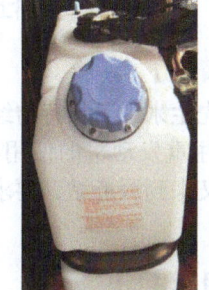

图 4-2 检查机油液面　　　　　图 4-3 检查尿素箱尿素液面

5. 检查三漏

检查柴油机外表面是否有漏水、漏气、漏油现象。

6. 检查风扇

目视检查风扇叶片有无损坏,连接螺栓是否紧固。如图 4-4 所示。

7. 检查传动带

传动带通过张紧轮张紧,通过手压传动带检查传动带的松紧,如图 4-5 所示。然后,释放张紧轮,松开传动带,检查张紧轮轴承转动有无异响、松旷、阻滞情况。

图 4-4 检查风扇

图 4-5 检查传动带

8. 检查排气管路是否泄漏黑烟、颜色是否正常

正常排气颜色为淡灰色。如果颜色出现变化，应检查原因并排除，如图 4-6 所示。

9. 检查中冷器管路连接

如图 4-7 所示，检查软管有无裂纹，及中冷器散热片是否完好。当检查气路出现油灰痕迹时，可以起动发动机，在怀疑部位喷洒肥皂水，观察是否漏气。

图 4-6 检查排气颜色

图 4-7 检查中冷器管路连接

10. 检查发动机转速、振动是否正常

任务 2　柴油机定期保养

【情境描述】

客户王先生来到了某特约经销店购买了一辆重型货车，该车匹配的是潍柴 WP10 发动机，王先生特别注重发动机的使用与保养，一直在特约服务站正规保养。车辆运行了 30000km 后，王先生又来到服务站，要求服务人员能够根据该车运行周期选择正确的保养内容并给客户服务。

【学习目标】

1. 能根据车辆的使用周期选择正确的保养内容。
2. 能正确保养车辆。

【任务分组】

班级		组号		指导教师	
组长		组员			
任务分工					

项目四 柴油机检查与保养

【获取信息】

引导问题 1：更换机油

引导问题 2：更换机油滤清器或滤芯

小提示：一定不能安装过紧，标准步骤为：①注满新机油，在新滤清器的橡胶密封件上涂上一层很薄的油膜；②用手将机油滤清器拧上，直至其与密封表面刚好接触；③再多转 3/4~1 圈（或按照滤清器标记上的规定）。

引导问题 3：离心式滤芯的检查保养

引导问题 4：检查更换冷却液

引导问题 5：更换柴油滤清器芯

小提示：柴油滤芯与机油滤芯安装方法相同，需注意的是更换柴油滤芯后应排出燃油系统中的空气，如图 4-8 所示。排除方法是：有些发动机的油水分离器上装有电动燃油泵，打开点火开关自动泵油即可排除低压油路中的空气。有的发动机需用手油泵手动排空气，打开燃油滤清器上的放气口，按压手油泵供油，从接口处流出的燃油不再含气泡时在不断流的情况下关闭接口即可。

引导问题 6：维护检查油水分离器

图 4-8 排气螺钉

引导问题 7：检查维护空气滤芯

引导问题 8：检查调整传动带张紧度

引导问题 9：传动带的更换

引导问题 10：检查、调整进排气门间隙

【工作实施】

引导问题 11：客户王先生来到了某特约经销店购买了一辆重型货车，该车匹配的是潍柴 WP10 发动机，王先生特别注重发动机的使用与保养，一直在特约服务站正规保养。车辆运行了 30000km 后，王先生又来到服务站，请根据该车运行周期选择正确的保养内容并给客户服务。

【评价反馈】

<table>
<tr><td rowspan="6">检查评估</td><td>维修资料、工具、设备的正确使用</td><td>A</td><td>B</td><td>C</td><td>D</td></tr>
<tr><td>操作规范和任务完成情况</td><td>A</td><td>B</td><td>C</td><td>D</td></tr>
<tr><td>任务工单填写</td><td>A</td><td>B</td><td>C</td><td>D</td></tr>
<tr><td>纪律和回答现场提问</td><td>A</td><td>B</td><td>C</td><td>D</td></tr>
<tr><td>团队合作</td><td>A</td><td>B</td><td>C</td><td>D</td></tr>
<tr><td>安全和环保</td><td>A</td><td>B</td><td>C</td><td>D</td></tr>
<tr><td>成绩</td><td colspan="5"></td></tr>
<tr><td>评语</td><td colspan="5">教师签字：

日期：</td></tr>
</table>

【相关知识】柴油机的定期保养

1. 汽车配套使用条件分类（表4-1）

表4-1 汽车配套使用条件分类

WG Ⅰ类	WG Ⅱ类
使用条件恶劣（气候严寒或炎热，含尘量高，短距离运输，在工地使用以及公共汽车、市政工程车、扫雪车、消防车）或汽车年行驶里程不足20000km或年工作时间不足600h	年行驶里程超过20000km的各种用途商用车

2. 保养周期分类（表4-2）

表4-2 保养周期分类

项　　目	使用条件		
	行驶里程（时间）	WG Ⅰ	WG Ⅱ
首次强保	3000km（50h）	A	A
例行保养	10000km（200h）	B	C
	30000km（400h）	—	B
	其中 WG Ⅱ类，每10000km（200h）到潍柴动力指定维修服务中心更换机油滤芯		

A—首次强保：更换机油、机油滤芯，不更换燃油粗、精滤芯
B—例行保养：更换机油、机油滤芯、燃油粗滤芯、燃油精滤芯
C—只更换机油滤芯

3. 柴油机保养规范（表4-3）

表4-3 柴油机保养规范

柴油机保养项目	首次强保	例行保养
更换机油滤清器或滤芯	●	每次更换机油时
检查调整气门间隙	●	●
检查冷却液容量并加足	●	●
紧固冷却管路管夹	●	—
紧固进气管路、软管和凸缘连接件	●	●
检查空滤器保养指示灯或指示器	—	●
清洗空滤器的集尘杯（自动排尘式除外）	—	●
清洗空滤器主滤芯	当指示灯亮时	

（续）

柴油机保养项目	首次强保	例行保养
更换空滤器主滤芯		参看说明书有关规定
更换空滤器安全滤芯		清洗5次主滤芯以后
检查、紧固传动带	●	●
检查增压器轴承间隙	—	每隔160000km
检查、调整离合器行程	●	●
检查尿素泵滤芯	●	●
检查尿素喷嘴垫片	每次拆装喷嘴时	
清洗尿素箱及尿素箱滤芯	●	●

注：●需要保养标记

4. 燃油

夏季：0#柴油（GB 252）。

冬季：一般用-10号柴油，当柴油机使用环境温度低于-15℃时应选用-20号柴油，使用环境温度低于-30℃时，应选用-35号柴油。

所用燃油必须符合国家标准GB 17691—2005中附录C表C.6规定（2008年6月后修订）。

5. 柴油机润滑油

柴油机润滑油容量：24L，润滑油容量是以油尺记号为依据（不同车型其油量稍有差异）。

润滑油的选用：以潍柴WP10系列，为了使柴油机安全可靠地运行，应选用15W/40CF-4或5W/40CF-4级润滑油。其中，15W/40CF-4可在环境温度为-15℃以上时使用，5W/40CF-4可在环境温度为-15℃以下时使用，如图4-9所示。

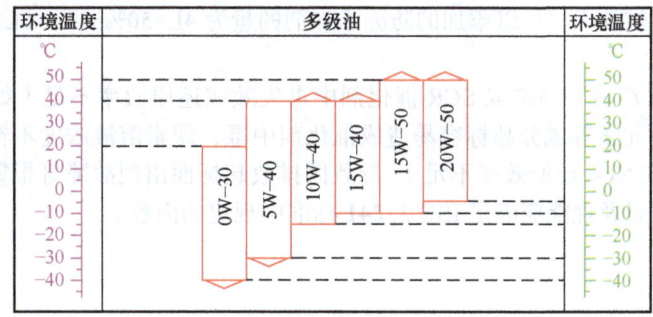

图4-9 润滑油牌号选择表

6. 张紧轮的润滑

张紧轮的润滑应采用汽车通用锂基润滑脂。

7. 柴油机冷却系统的防冻添加剂

柴油机采用的防冻添加剂为乙二醇，允许用国产长效防冻添加剂代用，但质量必须可靠，其具体使用方法可参照有关说明。国内可供使用的长效防冻添加剂有两种：JFL-336长效防冻添加剂、FD-30长效防冻添加剂。

需要说明的是：对于使用长效防冻添加剂要按照有关要求进行定期更换。

冷却液总量：40L（当装入的发动机带散热器时）。

目前防冻的检查温度：-20℃。

要求达到的最低防冻温度：-30℃。

防冻保护应在-40~-25℃。

计算方法：在横坐标上找到冷却液的总量"40L"这一点，过这点作线，找到与上述的

−20℃和−30℃斜线的交点 1 和 2（图 4-10）。

查得：−20℃时防冻添加剂的量为 13.5L。

−30℃时防冻添加剂的量与−20℃时的差值为 4L。

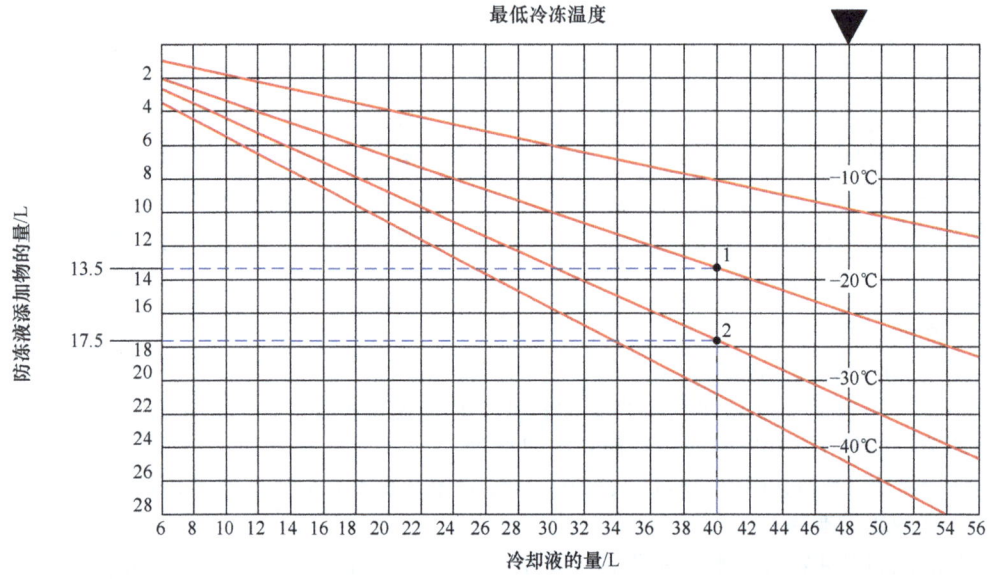

图 4-10　防冻添加剂计算图

对于上述差值 4L，再按多添加 50% 的量进行计算，这个多添加 50% 的量是必要的。因为在加注防冻添加剂之前，必须放出一部分冷却液，这样一来，放出的这一部分冷却液中的防冻添加剂也同时被放出，所以添加的防冻添加剂的量为 4L+50%×4L=6L。

8. 尿素溶液

不合适的尿素溶液容易造成 SCR 催化剂中毒失效或还原效率不足（如尿素溶液中所含的磷、钠、钾、钙元素等成分超标容易造成催化剂中毒；尿素溶液浓度不符合要求，容易导致 NH_3 泄漏过量或 NO_x 还原效率不足），导致因排放超标而出现故障灯报警现象，因此，所使用尿素溶液的质量及性能应满足 ISO 22241 标准中规定的内容。

项目五 柴油机综合故障诊断

任务 1　柴油机无法起动故障诊断

【情境描述】

　　一台玉柴发动机，使用博世 EDC17CV44 电控系统，无法顺利着车，尝试多次，长时间起动后，发动机能运转，用诊断仪读取故障码，读到"轨压闭环控制计量阀流量过大。"

【学习目标】

1. 能对发动机无法起动进行故障原因分析。
2. 能对发动机无法起动进行故障排除。

【任务分组】

班级		组号		指导教师	
组长		组员			
任务分工					

【获取信息】

引导问题 1：试分析柴油机无法起动的故障原因。

【工作实施】

引导问题 2：一台玉柴发动机，使用博世 EDC17CV44 电控系统，无法顺利着车，尝试多次，长时间起动后，发动机能运转，用诊断仪读取故障码，读到"轨压闭环控制计量阀流量过大。"试排除其故障。

【评价反馈】

检查评估	维修资料、工具、设备的正确使用	A	B	C	D
	操作规范和任务完成情况	A	B	C	D
	任务工单填写	A	B	C	D
	纪律和回答现场提问	A	B	C	D
	团队合作	A	B	C	D
	安全和环保	A	B	C	D
成绩					
评语				教师签字： 日期：	

【相关知识】柴油机无法起动故障诊断

电控柴油机与机械泵柴油机相比，增加了电控系统，车辆故障会以故障码形式存储于ECU中，引起故障的原因可能是燃油系统故障、空气系统故障、传感器故障、线束故障、执行器故障。本项目只详细分析电控柴油机机械方面的故障原因。

柴油机无法起动的故障原因可能是整车电路故障、油路故障、同步信号故障、共轨管限压阀失效等。

1）整车电路故障。检查钥匙开关、喷油器线束、整车线束插接件未插好或者线路断路、短路问题。

2）油路故障。低压油路的堵塞、高压油路的泄漏会导致系统压力偏低，一般会导致在行驶过程中车辆动力不足，甚至会造成熄火，在起动过程中导致无法起动或起动困难。一般会出现故障码P0251：轨压控制器正向偏差高于上限。

① 低压油路排查，从油箱→粗滤→齿轮泵→精滤→高压油泵进行排查。油箱清洁，无异物，通气孔无堵塞；整个管路畅通无弯折，接口牢固不漏气；滤清器上排气螺栓需按照力矩要求拧紧；及时排空分离出来的水；油泵的进油、出油、回油口连接正确无误（尤其进油与回油）。

② 高压油路排查。停机状态下松开油泵出油口和回油口，打开油泵时正常情况下都有出油，出油现象可参考正常机型；如不出油或出油异常，则考虑油泵异常：油量单元是否卡在常闭或较小开度位置；内部油道或阀组件可能被颗粒物卡滞；如出油正常，则排查喷油器回油量。

3）同步信号故障。由于机械装配、传感器线束问题导致曲轴/凸轮轴信号错误或无信号，无法实现同步，不能正常喷油。（具体检查方法省略）

4）共轨管限压阀失效。共轨管限压阀关闭不严或者处于常开位置，导致轨压无法建立，达不到系统放行轨压，喷油器不喷油，最终导致柴油机无法起动。一般会出现故障码P0089：限压阀打开。排查故障时，先检查油量计量单元是否卡在常开位置，然后检查轨压传感器信号是否正常，最后检查限压阀是否正常。

任务2 柴油机冒黑烟故障诊断

【情境描述】

有一台WP10共轨柴油机，冒黑烟严重，最高转速为1500r/min。该车投入使用一个多月后，出现柴油机在急速和加速时冒黑烟严重，同时报出燃油计量单元电流超出上限和限压阀打开的故障现象。清除故障码后，柴油机能正常运行一段时间。

【学习目标】

1.能对柴油机冒黑烟进行故障原因分析。
2.能对柴油机冒黑烟进行故障排除。

【任务分组】

班级		组号		指导教师	
组长		组员			
任务分工					

项目五
柴油机综合故障诊断

【获取信息】

引导问题 1： 试分析柴油机冒黑烟的故障原因。

【工作实施】

引导问题 2： 有一台 WP10 共轨柴油机，冒黑烟严重，最高转速为 1500r/min。该车投入使用一个多月后，出现柴油机在怠速和加速时冒黑烟严重，同时报出燃油计量单元电流超出上限和限压阀打开的故障现象。清除故障码后，柴油机能正常运行一段时间。请试着进行故障排除。

引导问题 3： 一宇通客车配备成都威特电控单元，出现行车无力，加油冒黑烟。请试着进行故障排除。

【评价反馈】

检查评估	维修资料、工具、设备的正确使用	A	B	C	D
	操作规范和任务完成情况	A	B	C	D
	任务工单填写	A	B	C	D
	纪律和回答现场提问	A	B	C	D
	团队合作	A	B	C	D
	安全和环保	A	B	C	D
成绩					
评语				教师签字： 日期：	

【相关知识】发动机冒黑烟故障诊断

电控柴油机冒黑烟问题相对于机械泵柴油机少得多，电控数据一般不会造成冒黑烟现象，更多原因是柴油机机械故障，例如进气不足、喷油过多。汇总起来，分为以下几个方面：

1）柴油质量问题。

2）进排气管路漏气或堵塞。

3）空气滤芯问题。

空气滤芯堵塞或太脏是柴油机带载冒黑烟的重要原因，判断空气滤芯原因分为以下两点：

① 如果柴油机平时无黑烟，也无其他异常现象，带负荷时才有黑烟冒出，负荷减小黑烟消失，一般认为是空气滤芯有问题；

② 拆掉空气滤芯，起动柴油机工作，观察带负荷作业时柴油机烟色，如果黑烟减小，则说明需要保养或更换空气滤芯。注意：柴油机不带空气滤芯的工作时间不要超过 10min，否则，容易造成柴油机缸套等不良磨损。

4）喷油器故障。

喷油器喷嘴磨损、卡死在常开位置：喷油器喷嘴工作环境恶劣，长期积炭造成喷嘴磨损、卡滞，导致喷油雾化不良，甚至以油滴形式喷入燃烧室，造成油气混合不均匀，燃烧不充分。通过加速测试（断缸测试）判断各缸喷油器性能，判别出故障喷油器。

喷油器安装错误：某些柴油机喷油器的安装，有严格的安装方向，但没有特别的标记予以说明，所以容易出现安装相差180°的问题，维修安装时注意参照装配规范。

5）冷却液温度传感器故障。

电控柴油机喷油控制有基于冷却液温度的修正，冷却液温度传感器故障导致冷却液温度较低，ECU一直按照低温条件下进行喷油，导致喷油过多、冒黑烟。

任务3　柴油机冒白烟故障诊断

【情境描述】

一台潍柴 WP12.375N 发动机，该车起动后有冒白烟现象，踩加速踏板时有浓浓黑烟冒出。

【学习目标】

1. 能对柴油机冒白烟进行故障原因分析。
2. 能对柴油机冒白烟进行故障排除。

【任务分组】

班级		组号		指导教师	
组长		组员			
任务分工					

【获取信息】

引导问题1：试分析柴油机冒白烟的故障原因。

【任务实施】

引导问题2：一台潍柴 WP12.375N 发动机，该车起动后有冒白烟现象，踩加速踏板时有浓浓黑烟冒出。请试着进行故障排除。

【评价反馈】

检查评估	维修资料、工具、设备的正确使用	A	B	C	D
	操作规范和任务完成情况	A	B	C	D
	任务工单填写	A	B	C	D
	纪律和回答现场提问	A	B	C	D
	团队合作	A	B	C	D
	安全和环保	A	B	C	D
成绩					
评语				教师签字： 日期：	

【相关知识】发动机冒白烟

柴油机冒白烟主要因素为：气缸套有裂纹或气缸垫损坏，随着冷却液温度和压力的升高，冷却液进入气缸，排气时容易形成水雾或水蒸气；喷油器雾化不良，喷油压力过低，有滴油现象。在气缸中燃油混合气不均匀，燃烧不完全，产生大量的未燃烃，排气时容易形成水雾或水蒸气。

（1）预热系统故障

冬季冷车刚起动时柴油机后排气管冒大量白烟，但运转一段时间后随着柴油机温度的升高白烟逐渐消失，而后正常，则说明是柴油机温度过低，无须排除。

（2）油中含水过多

柴油机工作无力，冒白烟。可将手靠近排气管，如果白烟掠过手面有水珠，则说明气缸内有水进入，此时可用单缸断油法找出漏水的气缸。排查进水原因，查明是气缸破裂还是气缸垫冲坏；若各缸情况一样，仍然工作无力、冒白烟，则应检查柴油中是否有水，打开燃油箱和燃油滤清器的放污螺塞，检查燃油中是否有水。

（3）发动机机械系统故障

柴油机冒白烟时可提高柴油机的工作温度，如果在冷却液温度 70℃ 左右时排气烟色由冒白烟转为冒黑烟，则可判断为喷油器雾化不良、滴油，可通过断缸测试确认故障喷油器。

喷油时刻滞后导致柴油不能完全燃烧，动力不足，冒白烟。应检查喷油正时，确认曲轴、凸轮轴齿轮啮合情况。

任务 4　冷却液温度过高故障诊断

【情境描述】

一台车辆配备 WD61556 柴油机，行驶 10000 多 km 时发动机出现从膨胀水箱处窜水，缺水并冷却液温度高故障。

【学习目标】

1. 能对冷却液温度过高进行故障原因分析。
2. 能对冷却液温度过高进行故障排除。

【任务分组】

班级		组号		指导教师	
组长		组员			
任务分工					

【获取信息】

引导问题 1：冷却液温度过高的故障原因有哪些？

【工作实施】

引导问题 2：一台车辆配备 WD61556 柴油机，行驶 10000 多 km 时发动机出现从膨胀水箱处窜水，缺水并冷却液温度高故障。试对其进行故障排除。

【评价反馈】

检查评估	维修资料、工具、设备的正确使用	A	B	C	D
	操作规范和任务完成情况	A	B	C	D
	任务工单填写	A	B	C	D
	纪律和回答现场提问	A	B	C	D
	团队合作	A	B	C	D
	安全和环保	A	B	C	D
成绩					
评语				教师签字： 日期：	

【相关知识】

一、冷却系统零部件的检修

（一）散热器的检修

1. 清洗散热器的外部

1）用水冲洗散热器芯，清除其表面的灰尘，如有油污，用汽油洗净。

2）从外部查看散热器上、下液室及散热器芯，不得有渗漏现象，散热器框架不得有断裂和脱焊现象。

2. 清除散热器内部沉积水垢

当水垢厚度超过1mm时，散热器性能就会大大降低，清除散热器水垢是恢复散热器散热能力的有效方法。

清洗时，一般采用循环法，先用酸性溶液洗涤，再用碱性溶液冲洗中和，并在冲洗时给除垢剂一定的压力（约10kPa），在气缸体水套或散热器内经3~5min循环后即可。

3. 检查散热器渗漏

如果目测检查冷却系统发现冷却液泄漏，可按如下方法检查（以沃尔沃D6D为例）：

方法一：把散热器内的冷却液加到正常位置，如图5-1所示，将散热器加水口盖测试仪装在散热器上，操作手泵加压到设定压力0.088MPa，检查压力是否下降。如果测试仪压力计随之下降，说明冷却液正从冷却系统渗漏，检查并修补泄漏点。

方法二：将散热器进、出液孔堵死，在散热器内注入50~100kPa的压缩空气，并将其浸泡在清水池里，检查有无气泡冒出。若有气泡冒出，说明该处漏气，做好标记，以便焊修。

> **知识拓展**
>
> 检修冷却系统之前，为避免烫伤，当发动机和散热器仍处于高温状态时，千万不要打开散热器盖，因为冷却液和蒸汽会在压力下喷出。

4. 散热器盖检查

安装散热器盖到散热器加水口盖测试仪上，气泵加压到设置测试压力0.088MPa，并检查确认盖的减压阀会打开。如果减压阀打不开，则说明减压阀有问题，应更换减压阀。

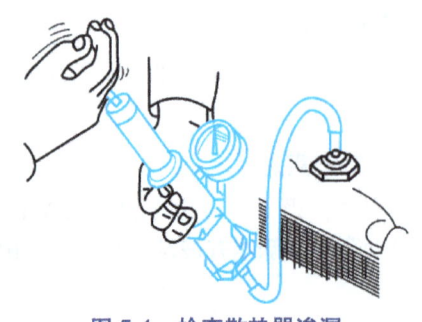

图5-1 检查散热器渗漏

5. 修理散热器

散热器常见的损坏形式有破损、凹陷、腐蚀、泄漏等。

如果散热器芯上嵌有杂物，可用细钢丝进行清理；当芯管有堵塞时，应使用专用通条进行疏通；散热片有变形或倒伏时，应及时进行整形、扶正；散热器如有扭斜、变形，应进行压校使其平整。破损较大可用补板法修复；凹陷处可用拉平法修复；当腐蚀破损不严重时，一般可用锡焊法修复。如果个别散热管破损严重，可裁去后焊上新管。

知识拓展

散热器泄漏一般发生在芯管与贮水室的接合部。如果冷却液管与上、下液室间的连接处有细微破漏，可用钎焊修复；如果冷却液管上出现泄漏时，可采取局部封堵，注意封堵散热管的数量不得超过管数总量的10%，切断散热片的面积不得大于迎风总面积的10%；如果冷却液管破损严重，可采用接管法或换管法。

注意：冷却系统修理竣工后，应再次进行系统泄漏检查。

（二）水泵的检修

水泵常见的损伤有泵壳裂纹、叶轮松脱或损坏、泵轴磨损或变形、水封损坏及轴承磨损等。

1. 就车检查

水泵就车检查可按如下步骤进行：

1）起动发动机，查看水泵溢水孔是否渗漏。若渗漏，则表明水封损坏，同时查听水泵工作时有无异响。

2）停车后，用手扳动风扇叶片，查看带轮与水泵轴配合是否松旷，稍有间隙感觉为正常。若感觉明显松旷，表明带轮与泵轴或带轮与锥形套配合松旷。

如果就车检查水泵无漏水、发卡、异响及带轮摇摆现象，可不用对其分解，只加注润滑脂即可。若有上述异常现象，则应分解检查，并予以修理或更换新件。

当水泵带轮松旷摆动时，应检查风扇及带轮的螺栓及螺母。若松旷应予拧紧；如果螺栓和螺母紧固良好，传动带仍松旷摆动，则可能是水泵轴松旷，应分解水泵，检查水泵轴承，若松旷，应予更换。

当水泵漏水时，应检查水泵衬垫、水泵壳上的泄水孔。根据故障位置进行更换后，应进行简易漏水试验。试验方法是：堵住水泵进水口，将水注满叶轮室，转动泵轴，泄水孔应不漏水。

2. 水泵零件检修

1）泵壳出现裂纹可焊接修复或更换新件。

2）水封转动环与静止环磨损起槽、表面剥落或破裂导致漏水时，应更换水封总成。

3）水泵轴弯曲变形不得超过0.05mm，否则应冷压校直或更换新件。

4）水泵轴轴颈及轴承磨损严重，导致水泵轴的摆动超过0.10mm及水泵叶轮破损，均应更换新件。

5）拆卸后各密封圈及密封垫均应全部更换新件。

3. 水泵装合后的性能试验

水泵装合后，应按如下步骤进行检验：

1）用手转动传动带轮，泵轴转动应无卡滞现象，叶轮与泵壳应无碰擦感觉。

2）将水泵装于水泵试验台上，按原厂规定进行额定转速下的压力-流量试验。观察排水量、压力是否符合制造厂的标准或者是否漏水。

（三）节温器的检测

节温器的检测方法有两种——零件检测和在线检测。

1. 零件检测

1）将节温器从发动机上拆下,并使它处于关闭状态。

2）将节温器浸入一个装满水的容器里,慢慢将水加热,并用温度表检测水温,如图5-2所示。

3）检查节温器阀门开启温度。水温约为83℃时,节温器阀门开始打开;水温约为95℃时,节温器阀门完全打开。

如果阀门开启温度不符合上述要求,则更换节温器。

2. 在线检测

根据冷却液温度表显示的温度,并结合水箱上下水的温差,同样能够判断节温器是否开启或关闭。

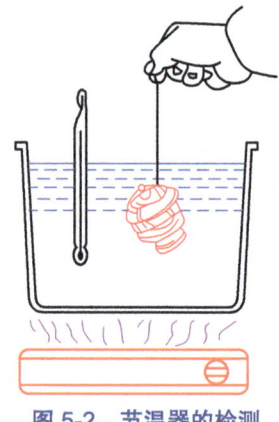

图5-2 节温器的检测

要维持发动机在最适宜的温度范围内工作,就必须保持冷却系的技术状况良好。冷却系经长时期使用后,其技术状况将发生变化。冷却系统出现问题,发动机将会出现过热、过冷、漏水等常见故障。

二、冷却系统常见故障诊断

（一）发动机过热

1. 故障现象

重型车辆在运行过程中,在百叶窗完全打开的情况下,仪表板上冷却液温度警告灯闪烁或冷却液温度表指针指向红色区域;或冷却液沸腾出现蒸汽,伴随有散热器出现"开锅"现象;或柴油机易发生早燃致使工作粗暴。出现这些现象,可判断发动机存在过热故障。

2. 故障原因

1）接头、软管、水封、水堵等部位漏水造成冷却液量不足。

2）节温器失效,冷却液不能流过散热器,不能进行大循环。

3）散热器或缸体内水套结垢多、堵塞,使冷却液冷却效果降低。

4）散热器风扇电动机或散热器温控开关出现故障。

5）冷却液泵堵塞或损坏、传动带打滑或断裂。

6）气缸垫损坏或缸盖螺栓拧紧力矩过小。

7）风扇传动带打滑或断裂,硅油风扇离合器工作不良。

8）风扇叶片变形或角度不对或装反。

9）冷却水道堵塞或水垢过厚。

10）散热器盖密封不良或阀门工作不良。

11）发动机积炭过多。

12）混合气过浓或过稀。

13）超负荷、低速档工作时间过长。

14）防冻剂与水的混合比不当。

15）凸轮轴磨损、排气管堵塞等造成的排气不畅。

16）自动变速器油温过高,间接导致冷却液温度过高。

3. 诊断处理方法

注意:在检修冷却系统时,为避免烫伤,当发动机和散热器仍处于高温状态时,千万不要打开散热器盖,因为高温高压的冷却液和蒸汽会在压力下喷出。

1）目测检查冷却液的外部泄漏和冷却液量。

当发动机停转后，在打开散热盖之前，先用手捏一下散热器上水管，查看冷却系统是否有压力。如果液面下降很快，应检查软管、接头、散热器、冷却液泵及水堵处是否有泄漏；若未发现外部泄漏，则检查暖风机芯、缸体和缸盖。

检查冷却液液位只能在发动机运转加热至操作温度，然后又冷却下来后进行。发动机冷却液的液位应在"Low"和"Full"标线之间，如果液位下降，应使用维修手册所推荐的冷却液，通过膨胀水箱重新添加。

注意：千万不要在发动机热机时用冷的冷却液添加到冷却系统，这可能会导致发动机缸体和气缸盖裂缝；发动机因过热而开锅时，切不可将散热器盖马上打开补充冷却液。

2）检查风扇是否正常运转。分别检查风扇传动带松紧度（是否过松）、打滑、断裂；电动风扇电机、温控开关及有关的插接器是否损坏。调整风扇传动带的松紧度或更换新带；按电动风扇电机电路查找原因；检修或更换温控开关等。

3）若水套和分水管积垢或堵塞，清理水套和分水管。

4）若水泵工作不良，检修或更换水泵零件或水泵总成。

5）若节温器主阀门不能正常开启，水流不能进行大循环，使冷却液温度升高。排除方法是更换节温器。

6）若由于散热器水垢过多而导致发动机过热，可将散热器清洗剂倒入散热器；起动发动机运转10min，并适当提高转速；将散热器中的清洗剂放掉，并加入清水再运行10min后再放掉；加入新的冷却液。

7）若百叶窗无法打开，则修理百叶窗控制机构。

（二）发动机过冷

1. 故障现象

在寒冷地区或冬季运行的重型车辆，在百叶窗完全关闭，冷却液温度表和冷却液温度传感器技术状况完好的情况下，发动机在工作很长时间或全部工作时间内，冷却液温度达不到正常工作温度范围，发动机动力不足，行驶乏力，油耗增加。出现这些现象，可判断发动机存在过冷故障。

2. 故障原因

1）百叶窗关闭不严。

2）风扇离合器接合过早。

3）温控开关闭合太早。

4）节温器失效，卡在全开位置，冷却液在低温状态下也进行大循环。

5）散热器风扇电机发生故障、风扇电机只能以高速档运转。

6）冷却液温度表或冷却液温度传感器失效。

7）环境温度太低且逆风行驶。

3. 诊断处理方法

1）检修百叶窗及控制机构，正确使用保温装置。

2）检修或更换风扇离合器、温控开关。

3）检修或更换节温器，保持节温器工作正常。

4）检修或更换风扇电动机、冷却液温度传感器。

（三）冷却液渗漏

1. 故障现象

在正常情况下，由于发动机冷却系统是全封闭的，冷却液不需经常添加。如果冷却液液面比正常情况下降很快，即表明存在冷却系统泄漏故障。

2. 故障原因

1）冷却系统外部渗漏。
2）冷却系统内部渗漏。
3）散热器盖及密封垫损坏或散热器盖开启压力过低。

3. 诊断处理方法

1）通过目测检查外部有无漏水痕迹，确定有无外部渗漏。常见的渗漏点是软管、软管接头、散热器芯和水泵等部位，对渗漏部位进行修复。

2）通过检查机油是否发白或在发动机冷却液温度正常时排气是否冒白烟，确定发动机内部气缸盖垫是否有渗漏。若冷却液从冷却系内渗漏到发动机内，可检查缸盖螺栓是否拧紧，缸垫是否密封，缸盖是否翘曲，缸盖、缸体是否破裂。若确认冷却系统发生了泄漏，应更换气缸或气缸体。

3）散热器盖及其密封垫损坏，将破坏冷却系的密封，在发动机工作时，冷却液蒸发逸出或汽车摇晃造成冷却液洒出损失。为检验散热器盖是否密封，可对散热器盖进行压力实验。在散热器盖上装上手动压力检测器，加压到规定值时，盖上的蒸汽阀才会开启，否则应更换散热器盖。

任务 5　机油压力低故障诊断

【情境描述】

一商用车，配装潍柴 WP10.290E32 型发动机。该车运输过程中，驾驶人发现机油压力警告灯突然点亮，机油压力表显示机油压力为 0MPa（正常机油压力为 0.25~0.35MPa），明显低于规定值。

机油压力过低会造成柴油机各润滑部位润滑不良、摩擦阻力增大、磨损加剧，还会导致柴油机过热，缩短柴油机使用寿命，甚至造成恶性事故。

【学习目标】

1. 能对发动机机油压力低进行故障原因分析。
2. 能对机油压力低进行故障排除。

【任务分组】

班级		组号		指导教师	
组长		组员			
任务分工					

【获取信息】

引导问题 1：试分析机油压力低的故障原因有哪些。

【工作实施】

引导问题 2：一商用车，配装潍柴 WP10.290E32 型发动机。该车运输过程中，驾驶人发现机油压力警告灯突然点亮，机油压力表显示机油压力为 0MPa（正常压力为 0.25~0.35MPa），明显低于规定值。试排除其故障。

【评价反馈】

检查评估	维修资料、工具、设备的正确使用	A	B	C	D
	操作规范和任务完成情况	A	B	C	D
	任务工单填写	A	B	C	D
	纪律和回答现场提问	A	B	C	D
	团队合作	A	B	C	D
	安全和环保	A	B	C	D
成绩					
评语				教师签字： 日期：	

【相关知识】

一、润滑系统零部件的检修

（一）机油泵的检修

由于机油泵工作时润滑条件好、零件磨损速度慢，所以在正常工作的一个大修间隔内，磨损很小。因此，发动机大修时，机油泵在未拆修之前，应先在机油泵试验台上检查其泵油压力及泵油量。如果泵油压力和泵油量都符合标准，且转动中无任何机械摩擦声，各部螺栓紧固正常，则不必拆检。否则，不必要的拆装会使零件的密封性受到破坏而使油泵压力降低，泵油量不够。如果经检验，机油泵的供油压力低，泵油量不足，转动中有不正常的响声，轴与齿轮晃动量过大时，则必须拆卸修理。机油泵的主要损伤形式是零件磨损所造成的泄漏，使泵油压力和泵油量减少。机油泵的端面间隙、齿顶间隙、齿轮啮合间隙以及轴与轴承之间间隙的增大，各处密封性和限压阀的调整都将影响泵油压力和泵油量。

1. 齿轮式机油泵的检修

（1）检查齿轮啮合间隙

检查时，将机油泵盖拆下，用塞尺在互成120°三个位置处测量机油泵主、从动齿轮的啮合间隙，如图5-3所示。新机油泵啮合间隙为0.05mm，磨损极限为0.20mm，如果超过规定值，应更换。

（2）检查传动齿轮与机油泵盖接合面间的间隙

主、从动齿轮与机油泵盖接合面间隙的检查方法如图5-4所示，正常间隙为0.05mm，磨损极限为0.15mm。如果超过规定值，应更换。

图 5-3　检查齿轮啮合间隙

图 5-4　检查传动齿轮与机油泵盖间隙

（3）检查主动齿轮轴与机油泵壳体的配合间隙

主动齿轮轴与机油泵壳体的配合间隙应为0.03~0.075mm，磨损极限为0.20mm；如果超过规定值，应更换。

（4）检查限压阀

检查限压阀弹簧有无损坏、弹力是否减弱，必要时更换；检查限压阀油道有无堵塞，柱塞运动是否有卡滞现象，必要时更换限压阀。

2. 转子式机油泵的检修

（1）检查内转子端面间隙

如图5-5所示，用直尺和塞尺检查内转子端面间隙，标准为0.03~0.09mm，超过0.15mm时，应更换新件。

（2）检查外转子与泵体之间的间隙

如图5-6所示，用塞尺检查外转子与泵体之间的间隙，标准为0.11~0.16mm，超过0.20mm时，应更换新件。

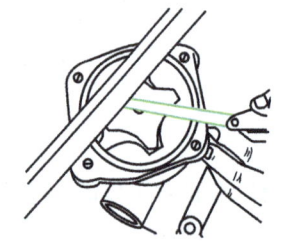

图5-5 检查内转子端面间隙

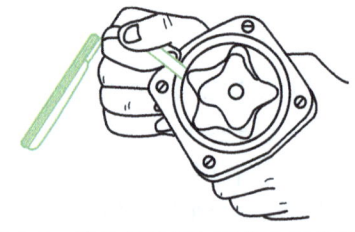

图5-6 检查外转子与泵体之间的间隙

（3）检查内、外转子啮合间隙

如图5-7所示，用塞尺检查内、外转子啮合间隙，标准为0.04~0.12mm，超过0.18mm时，应更换新件。

（4）检查限压阀

限压阀是否有刮伤，限压阀柱塞在孔内有无卡滞或松旷，弹簧弹力是否减弱，必要时更换。

3. 机油泵性能检查

机油泵装复后应进行试验，确认性能良好后再装车。机油泵试验可在试验台上进行，也可用经验法试验。

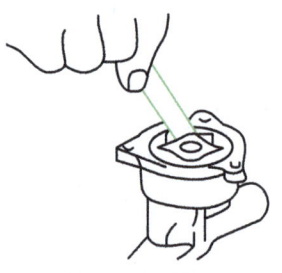

图5-7 检查内、外转子啮合间隙

在试验台上试验时，可测量泵油量和泵油压力，应符合相关标准。

若无试验台，可采用经验检查法，用手转动机油泵传动齿轮轴，应转动自如、无卡滞现象；将机油泵和集滤器装复后，一同放入清洁的机油池中，用螺丝刀按顺时针方向转动机油泵轴，应有机油从出油孔中排出，如果用拇指堵住出油孔，继续转动机油泵轴时，应感到有压力。

机油泵泵油压力可通过增减限压阀螺塞下面的调整垫片或增减限压阀弹簧座处的垫片来调整。

（二）机油滤清器的检查与更换

集滤器常见的损坏形式是滤网堵塞，造成机油压力下降，可拆卸油底壳，用柴油或煤油清洗后用压缩空气吹干，或更换。

1. 机油滤清器更换

对于整体式机油滤清器（全流式机油滤清器），如图5-8所示，按照柴油机维修手册，按工作小时（一般500h）定期更换机油和机油滤清器；利用专用工具（图5-9），拧下滤清器，更换新滤清器，倒入新机油，在密封圈处涂上机油，用手安装并拧紧机油滤清器，再按照维修手册使用专用工具拧紧到规定力矩或一定角度。如果过度拧紧，则会造成密封圈损坏甚至漏油。

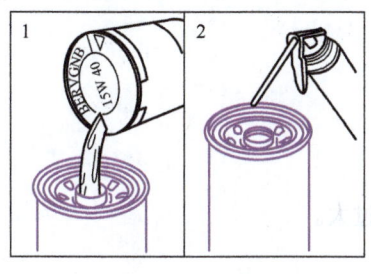
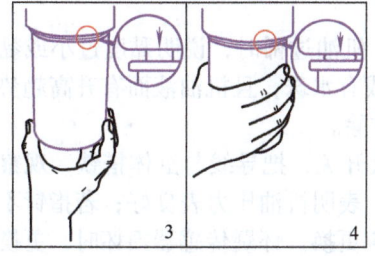
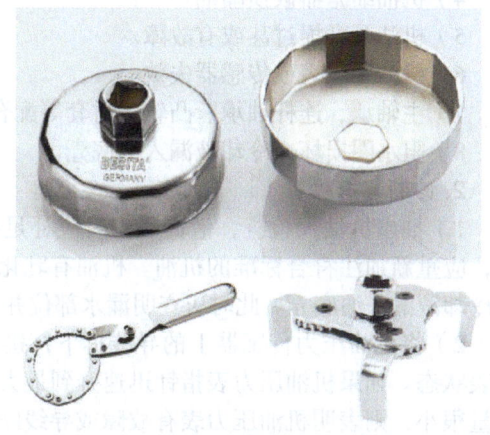

图 5-8　机油滤清器更换步骤　　　　图 5-9　更换滤清器专用工具

对于组合式滤清器，同样按照工程机械柴油发动机维修手册，按工作小时（一般 500h）定期更换机油和机油滤清器滤芯；应拆洗壳体，更换滤芯；检查各密封圈，若有老化、损坏应更换。

2. 机油细滤器的检查与更换

机油细滤器在机油压力高于 0.15MPa 时（否则限压阀不开启），运转 10min 以上，然后立即熄火，查听细滤器的工作情况。在熄火后的 2~3min 内，在发动机旁应能听到细滤器转子转动的"嗡、嗡"声，否则说明细滤器不工作。若机油压力正常，细滤器的进油单向阀也未堵塞，说明细滤器有故障，应拆检清洗细滤器。首先拧开压紧螺母，取下外罩，将转子转到喷嘴对准挡油板的缺口时，取下转子。然后清洗转子并疏通喷嘴，经调整或换件后再组装。

（三）机油冷却器的检测与维修

机油冷却器损坏方式是裂纹或密封圈损坏导致漏油，使冷却液中有机油或机油中有冷却液。冷却器检测方法如图 5-10 所示，拆卸机油冷却器，利用螺塞堵塞一侧油孔，将专用工具安装在机油散热器上，施加规定压力并将机油散热器放置在水槽中，检查有无气泡，判断是否损坏，视情维修或更换新件。

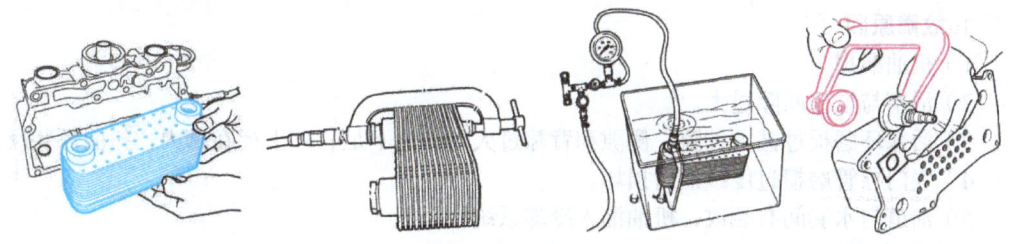

图 5-10　冷却器检测方法

二、润滑系统常见的故障诊断

（一）机油压力过低

1. 故障原因

1）机油黏度过小。

2）限压阀弹簧弹力不足或调整不当。
3）润滑系统管路漏油。
4）机油细滤器破损漏油。
5）机油泵磨损过甚或有故障。
6）机油压力表或传感器失效。
7）主轴承、连杆轴承、凸轮轴衬套等配合间隙过大。
8）阻水圈损坏，冷却液漏入油底壳。

2. 诊断与排除

1）抽出机油尺检查，液面过低时应补足机油。机油过稀时，说明黏度过小或黏温性过差，应重新加注符合标准的机油。机油有乳化现象或有水珠，且机油液面有升高趋势时，说明冷却液漏入油底壳。此时应查明漏水部位并予以排除。

2）将机油压力传感器上的导线拆下，接通点火开关，把导线与缸体搭铁，观察机油压力表状态。如果机油压力表指针迅速升到最大读数，表明机油压力表良好；若指针不动或上升量很小，则表明机油压力表有故障或导线断路，应更换。怀疑传感器损坏时，更换新传感器试验。

3）拆检、清洗细滤器，更换新滤芯。维护滤清器时，要特别注意检查细滤器滤芯或转子有无破裂、漏油之处。

4）机油压力表、传感器、滤清器均无故障，润滑系统各管路无漏油现象时，应拆检机油泵，清洗集滤器。

5）发动机长期使用，机油压力会逐渐降低。若因缺少机油，轴承及其配合部位磨损严重时，应考虑发动机大修。

（二）机油压力过高

1. 故障原因

1）机油黏度过大。
2）限压阀卡死或调整不当。
3）机油压力表或传感器有故障。

2. 诊断与排除

1）检查机油黏度是否符合要求，如果黏度过大，应更换黏度符合要求的机油。
2）在机油泵试验台上检查、调整限压阀，使机油泵的泵油压力符合要求。
3）清洗机油油管、油道、维护滤清器。

（三）机油消耗过多

1. 故障原因

1）机油漏损。
2）活塞与缸壁间隙过大。
3）活塞环磨损过甚，端隙、侧隙和背隙过大，弹力不足；环卡死在槽内，扭曲环装反。
4）气门导管磨损过度或油封损坏。
5）油道与水套间有裂纹，机油漏入冷却系统。

2. 诊断与排除

1）漏损的诊断与排除。仔细检查润滑系各油管及油管接头，发现有渗漏痕迹时应予以紧固。管接头损坏时应予以修复或更换。检查曲轴前后端油封的密封情况，保证曲轴箱通风良好或有合适的负压。

2）烧损的诊断与排除。发动机运转时，排气冒蓝烟，曲轴箱机油加注口脉动冒烟气，说明活塞与缸壁间隙过大，使机油窜入燃烧室而烧损。此时应拆检缸筒、活塞及活塞环，分析机油上窜的原因,并予以排除。发动机运转时冒蓝烟,曲轴箱无任何窜气现象,则为飞溅到气门室的机油沿气门导管被吸入燃烧室的结果。遇此情况,应拆下气缸盖,更换导管,必要时连同气门一起更换,并重新对研或铰削气门座。设有气门油封的,要检查油封状况,必要时更换新油封。

3)其他损耗的诊断与排除。在装有空气压缩机的发动机上,当拧开储气筒放污塞时,有大量机油排出,说明空压机的活塞与缸壁间隙过大或活塞环磨损过度。此时应检修空气压缩机,恢复其技术状况。

有些发动机缸体或缸盖在水套与油道之间有裂纹时,机油压力比冷却液压力高,故机油会窜入冷却液中。当打开水箱盖发现冷却液表面有一层油污,便是此类故障现象。此时应对发动机进行解体检验,必要时进行探伤检验,查明裂纹部位,并进行修复。

(四)机油变质

用机油尺沾少许机油,并滴在洁白的吸墨纸上,发现机油呈炭黑色并有杂质颗粒,或者油滴外缘呈黄色而核心部分呈黑色则为机油变质。

1. 故障原因

机油在高温(有时在常温下)和氧化作用下生成氧化物或氧化聚合物,这种现象称为机油"老化"。老化了的机油色泽变黑,黏度改变,油性变差,含酸量增加,不仅加速零件磨损,而且使零件的腐蚀加剧。机油在常温下老化所需要的实践很长,如果老化现象加快,原因如下:

1)缸壁与活塞间隙过大,活塞环磨损,燃气窜入曲轴箱而使机油高温氧化。
2)冷却液、燃油等其他液体漏入油底壳,使机油乳化而变质。
3)机油滤清器工作不良,杂质进入机油而污染变质。
4)经常用喷灯烤油底壳,高温会加速机油老化变质。
5)机油使用过久。

2. 诊断与排除

1)冬季烤油底壳时,应合理地控制温度。最好选用防冻机油。
2)严格控制曲轴箱的窜气量,避免燃气大量窜入曲轴箱。经常保持曲轴箱通风良好。
3)如果机油液面升高,应检查是否有燃油或冷却液漏入油底壳。
4)经常检查、维护滤清器,保持机油清洁不受污染。对于离心式机油细滤器,发动机熄火后的1~2min内,能听到明显的"嗡、嗡"声。若听不到,应及时维护。

项目六 尾气后处理故障诊断

任务 1　EGR 系统故障排查

【情境描述】

客户反映某福田轻型货车行驶中出现动力不足,发动机故障指示灯点亮。到服务站检修,连接诊断仪发报故障码"EGR 阀控制 - 机械系统响应不正确或失调",如图 6-1 所示。

图 6-1　EGR 阀故障码

【学习目标】

1. 能认识 EGR 阀的结构。
2. 能掌握 EGR 工作原理。

【任务分组】

班级		组号		指导教师	
组长		组员			
任务分工					

【获取信息】

引导问题 1：排气再循环的目的是什么?

引导问题 2：发动机不同工况下对排气再循环率要求是什么?

【工作实施】

引导问题3：客户反映某福田轻型货车行驶中出现动力不足，发动机故障指示灯点亮。到服务站检修，连接诊断仪发报故障码"EGR阀控制-机械系统响应不正确或失调"。请试着排除故障。

【评价反馈】

检查评估	维修资料、工具、设备的正确使用	A	B	C	D
	操作规范和任务完成情况	A	B	C	D
	任务工单填写	A	B	C	D
	纪律和回答现场提问	A	B	C	D
	团队合作	A	B	C	D
	安全和环保	A	B	C	D
成绩					
评语				教师签字： 日期：	

【相关知识】排气再循环技术

一、什么是EGR（排气再循环）

排气再循环（Exhaust Gas Recirculation，EGR）系统用于降低废气中的氮氧化物（NO_x）的排出量。氮和氧只有在高温高压条件下才会发生化学反应，发动机燃烧室内的温度和压力满足了上述条件，在强制加速期间更是如此。

当发动机带负荷运转时，EGR阀开启，如图6-2所示，使少量的排气进入进气歧管，与新鲜空气一起进入燃烧室。汽车废气中含有大量的CO_2和水蒸气等接近于惰性气体，将其导入气缸稀释缸内混合气，在燃烧室内不参与燃烧，但降低了氧的浓度，从而缓解了激烈的燃烧反应。CO_2不能燃烧，它通过吸收燃烧产生的部分热量来降低燃烧温度和压力，以减少NO_x的生成量。

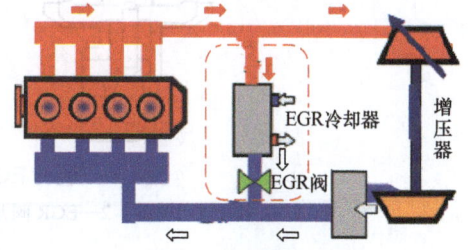

图6-2 排气再循环系统

但是排气再循环会影响发动机的功率，所以怠速时EGR阀关闭，几乎没有排气再循环至发动机。在中等工况下才能进行，确保发动机既能降低污染又能保证使用。进入燃烧室的排气量随着发动机转速和负荷的增加而增加。

二、排气再循环EGR系统的结构

现代柴油机多采用电子控制式排气再循环（EGR）系统，按照是否设置有反馈监测元件，排气再循环系统分为开环控制EGR系统（图6-3）与闭环控制EGR系统（图6-4）。

闭环控制EGR系统与开环控制EGR系统相比，只是在EGR阀上增设了一个EGR阀位置传感器作为反馈信号，用以监测EGR阀开度大小，使EGR率保持在最佳值。EGR阀位置传感器检测EGR阀杆的上下移动位置，发动机ECU以此确定阀门开度大小，起到降低尾气排放的作用。

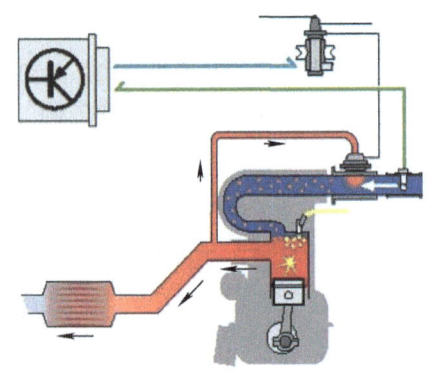

图 6-3 开环控制 EGR 系统

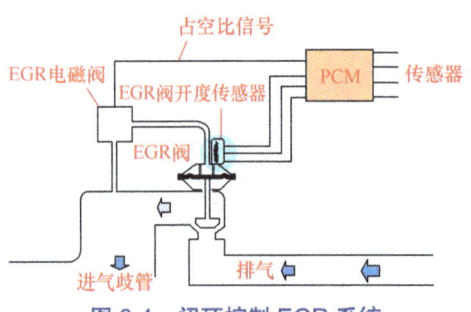

图 6-4 闭环控制 EGR 系统

EGR 电磁阀为两位三通的针阀，不工作时处于关闭状态，即真空泵进气连通大气，当 ECU 发出指令给电磁阀工作命令实现抽真空，此时 EGR 阀被打开，如图 6-5 所示。

如图 6-6 所示，EGR 阀膜片的一边（下部）通大气，装有弹簧的另一边为真空室，其真空度由 EGR 电磁阀控制。增大真空室的真空度，使膜片克服弹簧力上拱，阀的开度就增

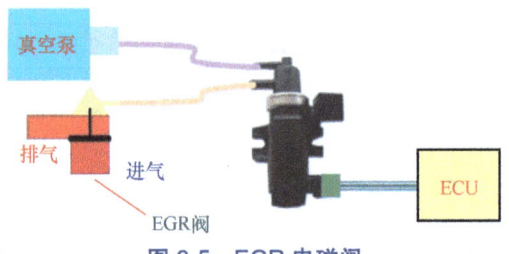

图 6-5 EGR 电磁阀

大，排气再循环流量也就增加。当上部失去真空度时，膜片在弹簧力的作用下向下拱而使阀关闭，阻断排气再循环。

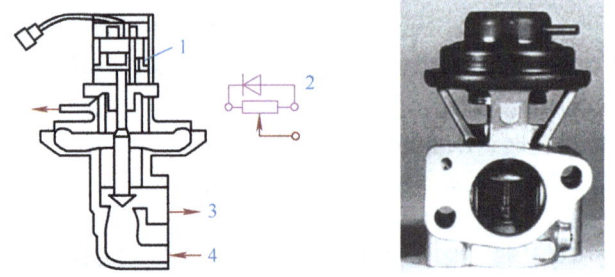

图 6-6 装有 EGR 阀开度传感器的 EGR 阀
1—EGR 阀开度传感器　2—EGR 阀开度传感器电路原理　3—排气出口　4—排气入口

三、排气再循环 EGR 系统工作原理

排气再循环（EGR）控制方式，ECU 根据发动机的转速、负荷（节气门开度）、温度、进气流量、排气温度控制电磁阀适时地打开，进气管真空度经电磁阀进入 EGR 阀真空膜室，膜片拉杆将 EGR 阀门打开，排气中的少部分经 EGR 阀进入进气系统，与混合气混合后进入气缸参与燃烧。少部分排气进入气缸参与混合气的燃烧，降低了燃烧时气缸中的温度，因 NO_x 是在高温富氧的条件下生成的，故抑制了 NO_x 的生成，从而降低了废气中的 NO_x 的含量。但是，过量的排气参与再循环，将会影响混合气的着火、性能，从而影响发动机的动力性，特别是在发动机怠速、低速、小负荷及冷机时，再循环的排气会明显地影响发动机性能。所以，当发动机在怠速、低速、小负荷及冷机时，ECU 控制排气不参与再循环，避免发动机性能受到影响；当发动机超过一定的转速、负荷及达到一定的温度时，ECU 控制少部分排气参与再循环，而且，参与再循环的排气量根据发动机转速、负荷、温度及排气温度的不

同而不同，以达到排气中的 NO_x 最低。柴油发动机在暖机状态时不起作用。

四、EGR 率控制

排气的引入量称为排气再循环率（EGR 率）。$EGR 率 = \dfrac{EGR 气体量}{吸入空气量 + EGR 气体量}$。EGR 率过大，会使燃烧速度太慢，燃烧不稳定，失火率增加，HC 增加，动力性、经济性下降。EGR 率过小，NO_x 排放达不到法规要求，发动机过热等现象。因此 EGR 率必须根据发动机工况要求进行控制，通常将 EGR 率控制在 10%~20%。EGR 率控制策略要综合考虑动力性、经济性和排放性能，应满足以下要求：

1）冷机、暖机、急速、低速（低于 900r/min）、小负荷、起动时，保证正常燃烧，不进行 EGR。

2）高速（高于 3200r/min）、大负荷，保证动力性，不进行 EGR。

3）部分负荷下，随着负荷增加 EGR 率允许值也增加。

五、EGR 控制系统检修

1. 一般检查

急速时，拆下 EGR 阀上的真空软管，如图 6-7 所示。发动机转速应无变化，用手触真空管口应无吸力；转速达到 2500r/min，同样拆下此真空管，发动机转速应明显升高（中断了排气再循环）。

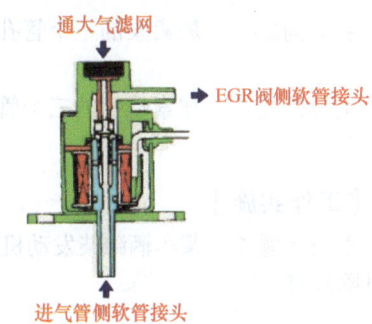

图 6-7 一般检查

2. EGR 阀检查

给 EGR 阀施加 15kPa 的真空，EGR 阀应能开启；不施加真空时，EGR 阀应完全关闭，如图 6-8 所示。

3. 检查管道是否阻塞

检查并用汽油清洗进气歧管的排气再循环口。检查真空软管是否有破损，接头处是否松动、漏气等。检查并用化油器清洗剂清洗排气再循环阀内通道。

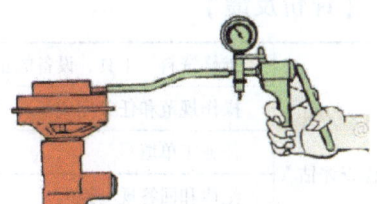

图 6-8 EGR 阀检查

任务 2　尿素泵建压失败故障

【情境描述】

某车辆潍柴发动机无力，诊断仪读取故障码：SCR 尿素压力建立错误，如图 6-9 所示。

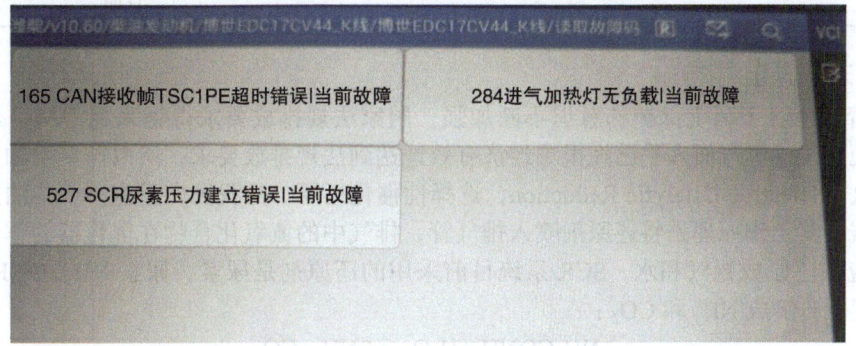

图 6-9　SCR 建压失败故障码

【学习目标】

1. 能够认识尿素泵、尿素箱、尿素管以及尿素喷嘴的结构。
2. 能够掌握 SCR 系统工作过程。

【任务分组】

班级		组号		指导教师	
组长		组员			
任务分工					

【获取信息】

引导问题 1：SCR 系统工作过程有哪几步？

引导问题 2：尿素泵的三个管孔分别接哪里？

引导问题 3：尿素喷嘴的三个管孔分别接哪里？

【工作实施】

引导问题 4：某车辆潍柴发动机无力，诊断仪读取故障码：SCR 尿素压力建立错误。请试着排除故障。

【评价反馈】

检查评估	维修资料、工具、设备的正确使用	A	B	C	D
	操作规范和任务完成情况	A	B	C	D
	任务工单填写	A	B	C	D
	纪律和回答现场提问	A	B	C	D
	团队合作	A	B	C	D
	安全和环保	A	B	C	D
成绩					
评语				教师签字： 日期：	

【相关知识】

随着社会对于环境保护的意识不断加强，国家法规排放要求得越来越严格，从国四开始，单纯从发动机方面入手已经很难经济有效地达到法规排放要求，所以需要增加后处理系统。SCR（Selective Catalytic Reduction，选择性催化还原）是我国广泛应用于柴油发动机的技术路线。其工作原理是将还原剂喷入排气管，排气中的氮氧化合物在催化器的作用下与还原剂反应被还原成氮气和水，SCR 系统目前采用的还原剂是尿素。尿素 NH_2CONH_2 加 H_2O 后在高温下分解成 NH_3 和 CO_2：

$$NH_2CONH_2 + H_2O \rightarrow 2NH_3 + CO_2$$

NH₃ 和排气中的 NO 和 NO₂ 反应产生氮气和水：

$$NO+NO_2+2NH_3 \rightarrow 2N_2+3H_2O$$
$$4NO+O_2+4NH_3 \rightarrow 4N_2+6H_2O$$
$$2NO_2+O_2+4NH_3 \rightarrow 3N_2+6H_2O$$

为防止发动机在整个使用寿命过程中泄漏氨气，SCR 催化器后设有氨催化器，在这个催化器中 NH₃ 与 O₂ 反应生成氮气和水：

$$4NH_3+3O_2 \rightarrow 2N_2+6H_2O$$

SCR 技术通过向排气中喷射尿素，尿素高温分解产生 NH_3，NH_3 可与排气中有害气体 NO_x 产生反应，产生无害的 N_2，从而达到净化发动机尾气的效果。

一、SCR 系统工作过程

1. 初步建压

当钥匙开关打到 ON，T15 上电后，当尿素建压条件达到时（系统无故障且前排温传感器测量值大于 180℃，发动机转速大于 550r/min），SCR 系统开始建立压力：吸液→填充→压力建立（目标值 5.5bar，时间 $t_1 \leqslant 35s$），如图 6-10 所示。泵压力达到 8bar，系统开始自检。

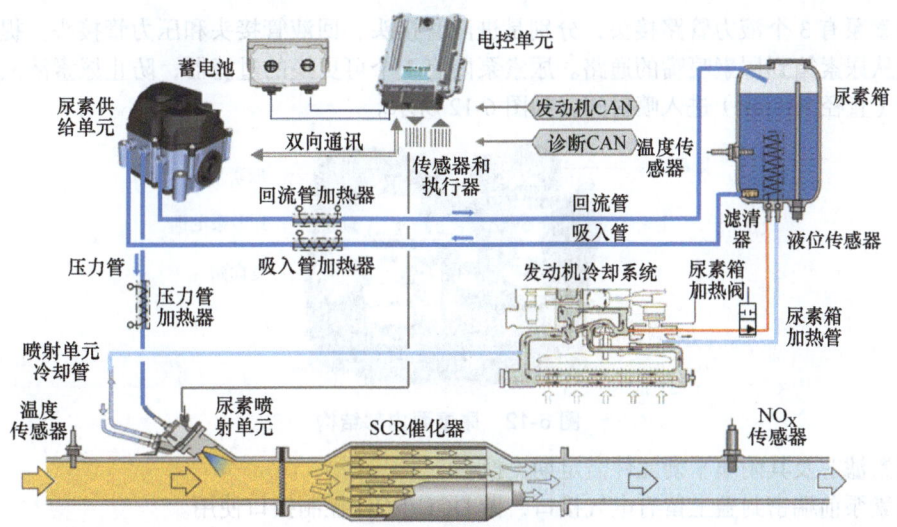

图 6-10 SCR 系统

注意：一个驾驶循环的建压时间 35s×3 次，如果三次均失败，系统报错，此次驾驶循环不再尝试建压。次与次之间伴随尿素泵自动排气及泄压倒吸过程。

2. 自检

系统自行检查压力管路和回流管路有无堵塞情况，如果有，控制系统报错，管路和尿素泵泄压。如果检测通过（表示各管路均无堵塞情况），则系统建压成功，尿素泵至喷嘴压力稳定在 (9 ± 0.5) bar。

注意：整个建压过程总时间 ≤ 320s，超过 320s，系统报错，此次驾驶循环不再尝试建压。

3. 正常喷射

根据排温（大于 200℃）和工况进行喷射。

4. 断电倒吸

当钥匙开关关闭，T15 下电（整车总电源开关不断）后，SCR 系统进入倒吸过程，利用反向阀使尿素泵及尿素管中的液体排空，防止管路中残留尿素对系统造成影响。

注意：断电倒吸的过程时间 90s，该过程中严禁关闭整车电源。

另外，在气温低于 -11℃时，尿素结冰。SCR系统中配备了加热系统，尿素箱为发动机冷却液加热，尿素泵及尿素管路为电加热，从而保证尿素喷射系统在低温环境下正常工作。

二、博世 DeNO$_X$ 2.2 系统零部件结构

1. 尿素泵结构

尿素泵负责将尿素箱中的尿素溶液加压并且送往尿素喷嘴，同时将多余的尿素溶液泵回尿素箱，将系统压力维持在 9bar 左右。发动机停机后，尿素泵将系统中的尿素溶液倒抽回尿素箱，以避免残留的尿素溶液引起系统失效。图 6-11 所示为博世 DeNO$_X$ 2.2 系统尿素泵外观。

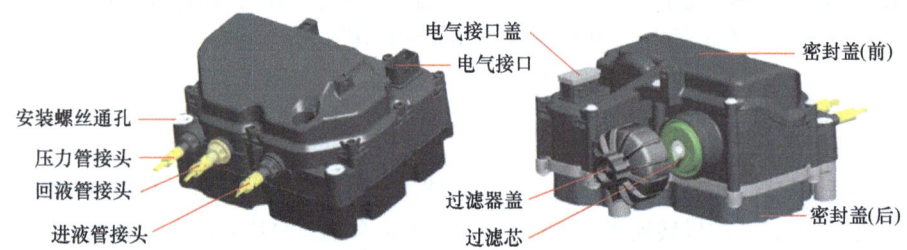

图 6-11　博世 DeNO$_X$ 2.2 系统尿素泵外观

尿素泵有 3 个液力管路接头，分别是进液管接头、回液管接头和压力管接头。提供尿素水溶液从尿素箱到尿素喷嘴的通路。尿素泵内有 1 个可更换的过滤器，防止尿素溶液中的微尘颗粒（直径 >30μm）进入喷射阀，如图 6-12 所示。

图 6-12　尿素泵内部结构

尿素滤芯及其附属平衡元件需定期更换。

尿素泵前端密封盖上留有电气接口，做 DCU/ECU 控制接口使用。

2. 尿素喷嘴结构

尿素喷嘴将尿素泵加压的尿素喷入尾气中。图 6-13 所示为尿素喷嘴的外形结构，其中包含 1 个尿素管接头和 2 个冷却液接头，与尿素压力管相连。

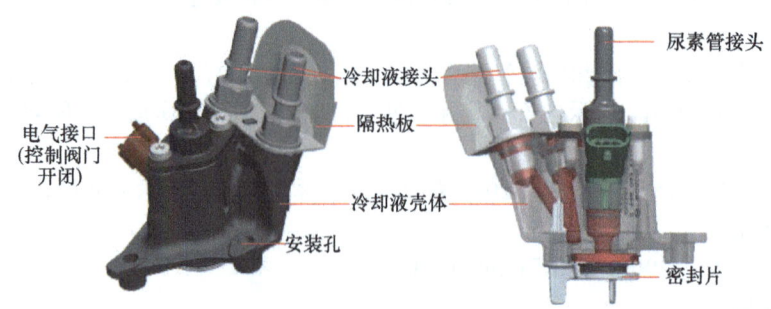

图 6-13　尿素喷嘴结构

2 个冷却液接头是发动机冷却液对尿素喷嘴进行冷却的进水口和回水口，防止尿素喷嘴高温失效。冷却液接头不区分进水和回水，可互换。

3. 尿素箱结构

尿素箱主要用来储存尿素溶液，集成式尿素箱将尿素泵集成在了尿素箱上，图 6-14 所示为集成式尿素箱。

尿素箱上装有尿素液位温度传感器，如图 6-15 所示。

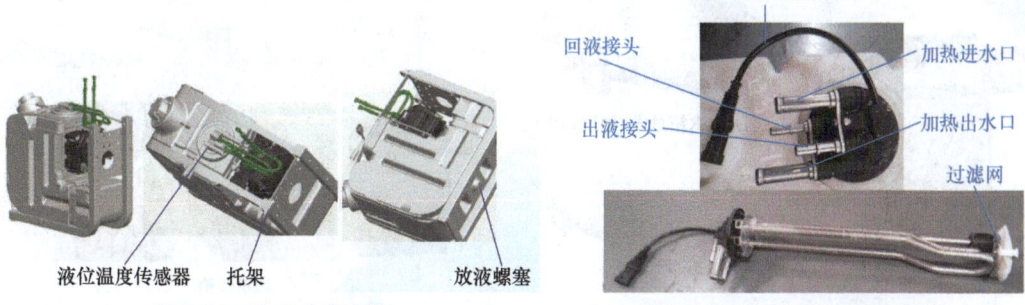

图 6-14　集成式尿素箱　　　　图 6-15　尿素液位温度传感器

尿素溶液的冰点为 -11.5℃，系统在低温下工作时，尿素结冰会导致系统无法工作，因此需要对尿素箱进行解冻，尿素箱采用发动机的冷却液进行解冻和加热，加热水路的走向如图 6-16 所示。

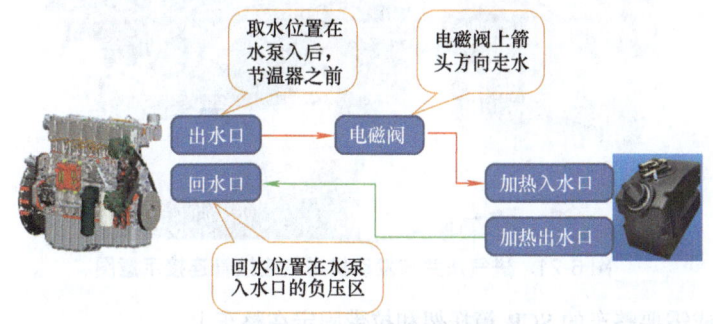

图 6-16　加热水路的走向

4. 尿素管路

尿素管路即尿素的通道，在安装前保证两端防护良好，如图 6-17 所示，防止脏物和杂质进入管路，进而进入系统，导致系统失效。

尿素管路安装要对应正确，不正确会导致系统无法工作。安装前，应确认尿素管接头尺寸，各个快接头型号与箱、泵和尿素喷嘴上的型号匹配正确。安装时，尿素管不能弯折，若管路弯折严重将导致系统不能工作，如图 6-18 所示。

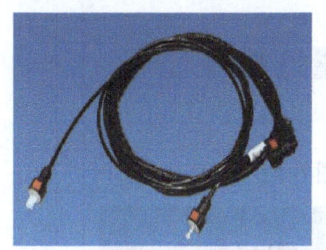 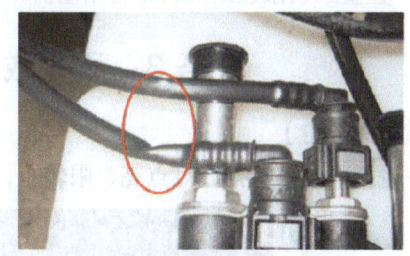

图 6-17　安装前确认防护良好　　　　图 6-18　尿素管路弯折严重

5. SCR 箱

SCR 箱总成分为箱式和桶式两种。桶式 SCR 箱总成有两种外观，一种是侧面进气、后端面出气（侧进端出）；另一种是前端进气、后端出气（端进端出），图 6-19 所示为 SCR 箱

149

总成外观图。

　　SCR 箱总成上集成了尿素喷嘴、排温传感器及氮氧传感器，为了防止在运输和搬运过程中磕碰等造成尿素喷嘴和氮氧传感器失效，分别设计了尿素喷嘴保护架和氮氧传感器保护架，如图 6-20 所示。

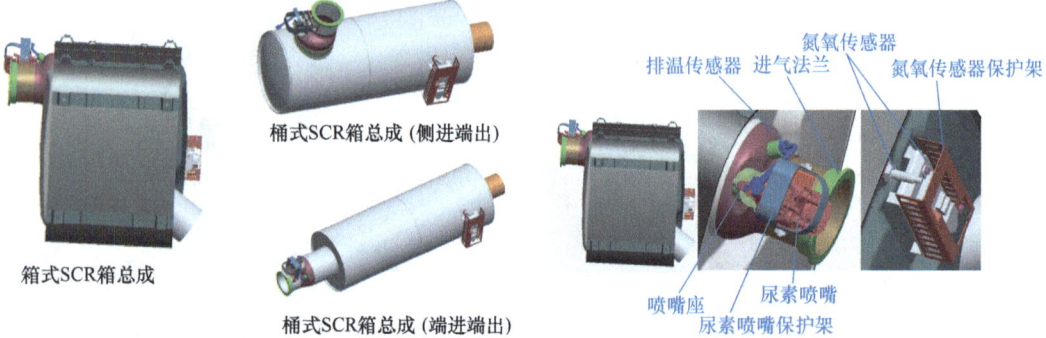

图 6-19　SCR 箱总成外观图　　　　　图 6-20　SCR 箱总成图

SCR 箱总成通过进气法兰与发动机排气连接管相连，如图 6-21 所示。

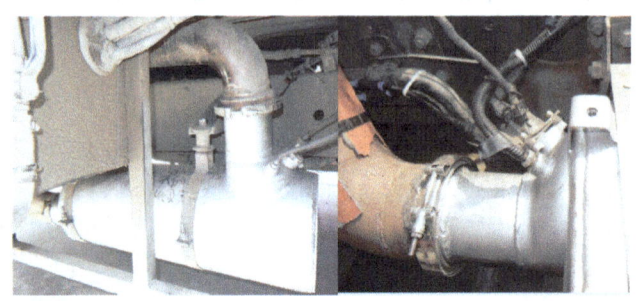

图 6-21　进气法兰与发动机排气连接管连接示意图

SCR 箱总成需要整车的 SCR 箱托架和拉带固定在整车上。

6. 尿素泵建压失败的故障原因

1）T15 不上电，查找蓄电池至 ECU 之间的线路。
2）检查尿素品质。
3）检查尿素管路是否弯折。
4）检查尿素喷嘴是否堵塞或卡滞。
5）检查尿素喷嘴线路是否有故障。
6）检查尿素泵进出液口是否堵塞。

任务 3　添蓝或空气流量低故障排查

【情境描述】

一台玉柴发动机排放灯点亮，限转矩，故障码如图 6-22 所示。

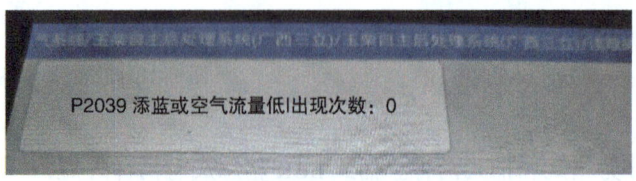

图 6-22　添蓝或空气流量低故障码

项目六 尾气后处理故障诊断

【学习目标】
1. 能够掌握空气辅助尿素系统清空故障过程。
2. 能够掌握空气辅助尿素系统工作过程。

【任务分组】

班级		组号		指导教师	
组长		组员			
任务分工					

【获取信息】

引导问题1：空气辅助尿素系统的组成。

引导问题2：空气辅助尿素系统工作过程有哪三个阶段？

引导问题3：玉柴三立空气辅助尿素系统喷射必须满足哪些条件？

【工作实施】

引导问题4：一台玉柴发动机排放灯点亮，限转矩，故障码显示：添蓝或空气流量低。请试着对其进行故障排除。

【评价反馈】

检查评估	维修资料、工具、设备的正确使用	A	B	C	D
	操作规范和任务完成情况	A	B	C	D
	任务工单填写	A	B	C	D
	纪律和回答现场提问	A	B	C	D
	团队合作	A	B	C	D
	安全和环保	A	B	C	D
成绩					
评语				教师签字： 日期：	

【相关知识】空气辅助尿素系统

1. 空气辅助尿素系统组成

玉柴三立空气辅助尿素系统（SCR系统）由催化消声器、计量喷射泵（Urea Dose System，UDS）、添蓝罐、添蓝喷嘴、压缩空气滤清器、后处理控制单元（DCU）及相应管路和线束构成，如图6-23和图6-24所示。

该系统采用的是压缩空气辅助喷射系统，计量喷射泵内置控制装置，可控制内部计量泵和压缩空气电磁阀按既定的程序工作。DCU通过CAN总线与发动机ECU通信，获得发动机的运行参数，再加上两个催化器温度信号，计算出尿素喷射量，通过CAN总线控制计量喷射泵喷射适量的尿素到排气管内。压缩空气的作用是携带计量后的添蓝到喷嘴，使尿素经喷嘴喷雾后尽可能雾化。

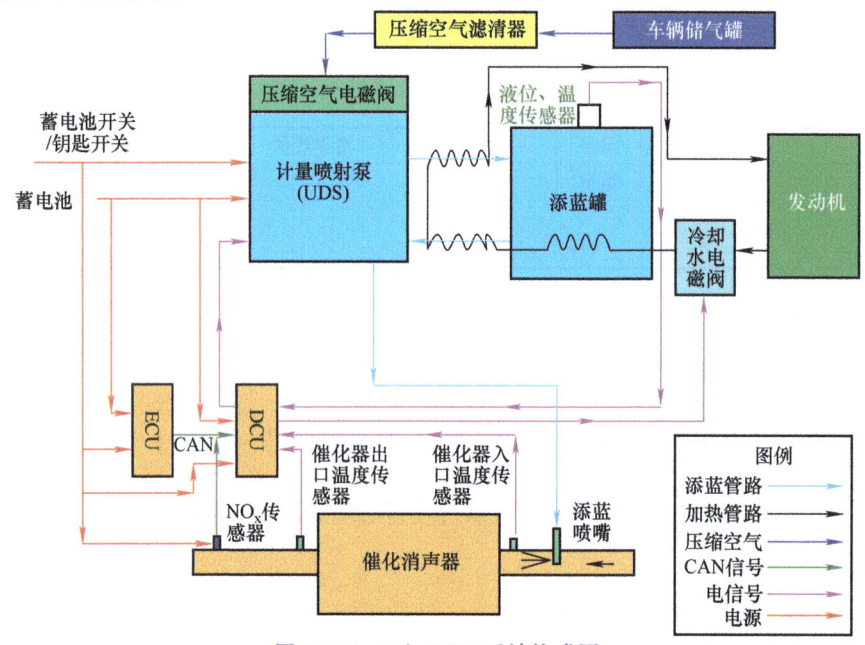

图 6-23　三立 SCR 系统构成图

尿素在排气管混合区遇高温分解成氨气（NH_3），与排气充分混合后进入 SCR 催化消声器。在催化消声器里，NH_3 和 NO_x 反应生成氮气和水，排到大气中。

2. 空气辅助 SCR 后处理系统工作过程

内置控制器具有故障自诊断和 OBD 功能，正常运行时，打开钥匙后能听到泵运转时发出的短促的声音，这时电机回到"停车"位置；当发动机起动时，泵进入"起动排空"模式，泵以最大流量将尿素抽入，再通过回液口回到尿素罐，如图 6-25 所示，这样持续进行 30s，然后内部控制器打开压缩空气电磁阀，如果压缩空气压力正常且"起动排空"模式成功完成，计量喷射泵将进入计量喷射模式，根据 DCU 发出的命令控制尿素的喷射量，如果排气温度低于 200℃，尿素喷射量为零，压缩空气持续喷射。当起动钥匙关闭后，泵自动开始吹扫，压缩空气继续喷射 30s，以扫尽泵到喷嘴管路中的残液，避免因尿素结晶而造成管路堵塞。寒冷季节，计量喷射泵可控制内部加热器自动加热，以防尿素结冰。

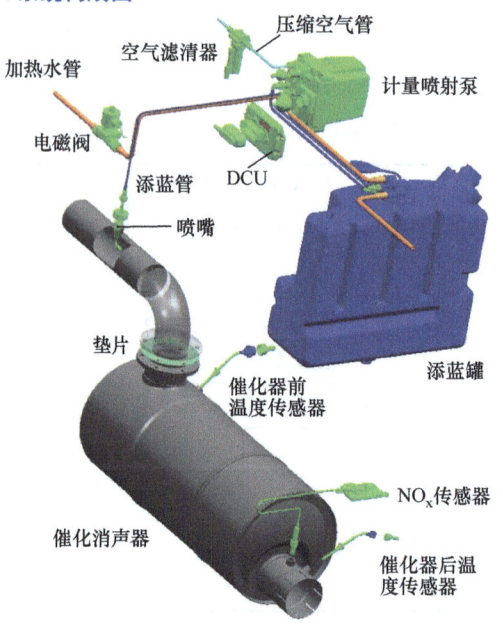

图 6-24　SCR 系统组成

工作介质：

压缩空气：压力 6~10bar，消耗量 20L/min，最大颗粒直径 15μm，杂质 8mg/m³，机油含量 5mg/m³，含水量 3℃露点。

尿素：尿素符合 DIN70070 标准，需经过 70μm 滤芯过滤。尿素入口最大流量 25L/h，尿素喷射能力 0~7.5L/h。

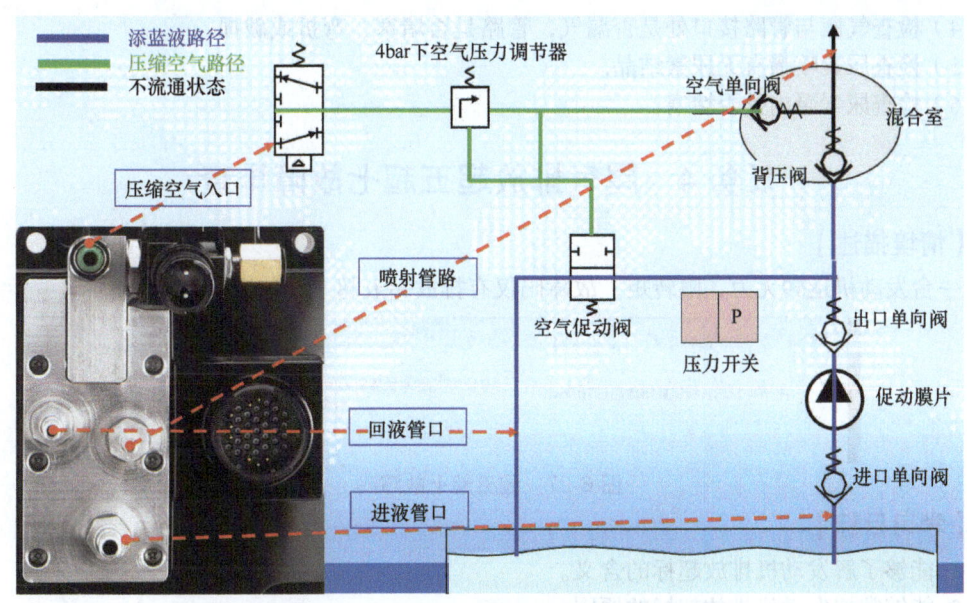

图 6-25　三立 SCR 后处理添蓝泵结构简图

3. 压缩空气滤清器

图 6-26 所示为压缩空气滤清器，计量喷射泵压缩空气质量要求为：最大颗粒直径 15μm，杂质 $8mg/m^3$，机油含量 $5mg/m^3$，含水量 3℃ 露点。如果后处理系统处理后的压缩空气能达到这样的质量，则不需要使用额外的压缩空气滤清器，否则需安装特殊的滤清器。

压缩空气滤清器安装要求：

该过滤器工作环境温度为 -40~60℃，安装位置应远离排气管、催化消声器等高温器件。

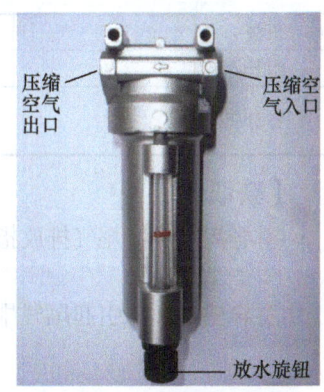

图 6-26　压缩空气滤清器

如图 6-26 所示，姿态垂直安装，放水口朝下。过滤器体上标有流动方向，应注意安装方向，安装在易于接近的地方，利于定期维护。

4. 尿素管路

尿素供给管必须有足够的强度，不会因为抽吸产生的真空而被压扁。工作时，供给管的流速为 25L/h。推荐的供给管内径为 6mm。从计量喷射泵通向罐的回流管的内径应为 4 或 6mm。理想的罐和计量喷射泵应尽可能靠近，以缩短管长，减少节流和残留空气的影响，保证泵的效率和计量精度。当罐和计量喷射泵不相邻时，可能需要增加回流管的内径。当在最大泵送容量下测量时，该管中的动态压力不应超过 1bar（包括动态脉冲在内的仪表压力）。当计量喷射泵感应到"堵塞"的高阻力时，会点亮 MIL。

尿素管要保证密封性，以免影响喷射泵的运行。管的内壁要均匀光滑。计量喷射泵（UDS）到喷嘴的管路的承压要高于 20bar，防止喷嘴或排气管堵塞时泵到喷嘴的压力过高导致管路或接头损坏。压缩空气管道只需考虑强度和耐低温性能。

5. 空气辅助尿素系统清空失败故障原因

空气辅助尿素系统清空失败主要原因是空气压力低，因此应做以下检查：

1）检查空气滤芯是否脏污。

2）检查空气泵活塞环是否磨损。

3）检查空气泵进出气阀。

4）检查气瓶与管路接口处是否漏气，管路是否堵塞、弯折或破损。
5）检查尿素喷嘴有无尿素结晶。
6）检查尿素泵内是否堵塞。

任务4　尾气排放超五超七故障排查

【情境描述】

一台发动机运转无力，限转矩，故障码仅有排放超五超七，如图 6-27 所示。

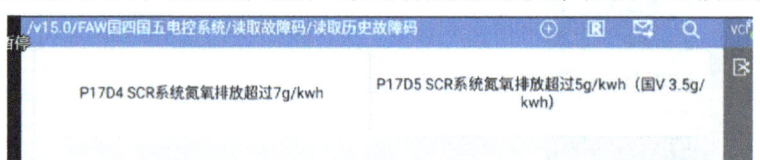

图 6-27　超五超七故障码

【学习目标】

1. 能够了解发动机排放超标的含义。
2. 能够掌握发动机排放超标的原因。

【任务分组】

班级		组号		指导教师	
组长		组员			
任务分工					

【获取信息】

引导问题1：尾气排放指标超五超七是指什么？

引导问题2：引起尾气排放超标的原因有哪些？

【工作实施】

引导问题3：一发动机运转无力，限转矩，故障码仅有排放超五超七，试对其进行故障排除。

【评价反馈】

检查评估	维修资料、工具、设备的正确使用	A	B	C	D
	操作规范和任务完成情况	A	B	C	D
	任务工单填写	A	B	C	D
	纪律和回答现场提问	A	B	C	D
	团队合作	A	B	C	D
	安全和环保	A	B	C	D
成绩					
评语				教师签字： 日期：	

【相关知识】

尾气排放超标，超五就是超出国家第五阶段排放标准，此时大部分车型不影响发动机转矩，动力不受影响，报故障码，亮排放故障灯，任何人不能删除，必须要到服务站排查故障。超七严重级别更高，大部分车型限制百分之三十转矩，油耗增高。这类故障有可能是发动机燃烧系统问题，也有可能后处理尿素系统问题影响，具体要用检测仪诊断。常见引起尾气排放超标的原因有：

1. 烧机油排黑烟

检查活塞环磨损情况。由于活塞环的磨损或弹性下降造成其与气缸间隙偏大，使机油泵入燃烧室产生黑烟。

检查活塞环是否安装正确。安装活塞环应注意其向上安装标志，尤其是在安装内外扭曲环时一定注意朝向。

检查气门油封是否破损。

2. 尿素不合格

尿素水溶液（Diesel Emission Fluid，DEF），在 $DeNO_X$ 2.2 系统中，使用的是国际上标准的质量分数为 32.5% 的尿素水溶液。主要成分见下表，DEF 更详细的信息请参阅 DIN 70070/ISO 22241 标准。

尿素水溶液成分表

特性	单位	最小值	特征值	最大值
尿素	%	31.8	32.5	33.3
氨	%	—	—	0.2
缩二脲	%	—	—	0.3
不可溶物	mg/kg	—	—	20
磷酸盐	mg/kg	—	—	0.5
钙	mg/kg	—	—	0.5
铁	mg/kg	—	—	0.5
铜	mg/kg	—	—	0.2
锌	mg/kg	—	—	0.2
铬	mg/kg	—	—	0.2
铝	mg/kg	—	—	0.5
镍	mg/kg	—	—	0.2
镁	mg/kg	—	—	0.5
钠	mg/kg	—	—	0.5
钾	mg/kg	—	—	0.5

尿素溶液应该保存在紧闭容器中，储存于阴凉、干燥的仓间，远离强氧化剂。

由于使用不合格尿素溶液，其成分不达标或含杂质造成不能和废气中的氮氧化物反应造成排放超标。

3. 催化器载体失效

在后处理系统中 DOC、DPF、SCR 基体内装有催化剂加快尾气中的相应成分转化以及氮氧化物和氨气反应，应定期保养更换载体。

4. 排气管路泄漏

由于排气管破损，导致尾气未经处理释放入大气。

5. 尿素结晶堵塞管路

由于清空阶段不彻底造成残留尿素结晶堵塞管道，造成喷出的尿素偏少不能和排气充分反应。

6. 空气滤清器问题

对于气助式后处理系统，由于空气滤清器问题造成空气不干净或空气含有水分导致空气电磁阀卡滞使空气压力不足尿素水溶液雾化不良。

7. 尿素温度异常

由于加热电磁阀或尿素温度传感器、尿素管加热继电器故障使尿素温度过低，尿素未完全解冻挥发出的氨气减少；或尿素温度过高，使尿素浓度偏大挥发出的氨气减少，不能和尾气完全反应。

8. 排气管设计或尿素喷嘴安装位置不合理

尿素喷射时，遇到弯角附着管壁产生结晶堵塞排气管。

9. 尿素箱冷却液加热回流管阻力大

这可能会使尿素箱内冷却液渗入尿素溶液中使其浓度降低。